本书系国家社会科学基金项目"我国农业用水合作与水价制度设计研究"
（编号：15XJY015）的结项研究成果

我国农业用水合作与水价制度设计研究

李然 著

Woguo Nongye Yongshui Hezuo
yu Shuijia Zhidu Sheji Yanjiu

U0339414

中国财经出版传媒集团
经济科学出版社
Economic Science Press

图书在版编目（CIP）数据

我国农业用水合作与水价制度设计研究／李然著．
—北京：经济科学出版社，2021.6
ISBN 978 - 7 - 5218 - 2409 - 4

Ⅰ.①我…　Ⅱ.①李…　Ⅲ.①农田水利－水资源
管理－研究－中国 ②农村给水－水价－研究－中国
Ⅳ.①S279.2 ②F426.9

中国版本图书馆 CIP 数据核字（2021）第 035924 号

责任编辑：周胜婷
责任校对：蒋子明
责任印制：王世伟

我国农业用水合作与水价制度设计研究

李然　著

经济科学出版社出版、发行　新华书店经销
社址：北京市海淀区阜成路甲 28 号　邮编：100142
总编部电话：010 - 88191217　发行部电话：010 - 88191522
网址：www. esp. com. cn
电子邮箱：esp@ esp. com. cn
天猫网店：经济科学出版社旗舰店
网址：http://jjkxcbs. tmall. com
北京季蜂印刷有限公司印装
710 × 1000　16 开　11 印张　200000 字
2021 年 6 月第 1 版　2021 年 6 月第 1 次印刷
ISBN 978 - 7 - 5218 - 2409 - 4　定价：68.00 元
（图书出现印装问题，本社负责调换。电话：010 - 88191510）
（版权所有　侵权必究　打击盗版　举报热线：010 - 88191661
QQ：2242791300　营销中心电话：010 - 88191537
电子邮箱：dbts@ esp. com. cn）

前　　言

　　农业是用水大户，也是最大的节水潜力所在。中国是一个水资源匮乏的国家，人均占有量约为世界平均水平的 1/4，目前全国有 60% 以上的水资源用于农业生产。水资源是农业生产特别是粮食生产的重要投入要素，资源的相对稀缺性决定其价格的高低，根据我国水资源的要素禀赋特征，其价格按理来说应该较高才合理，但一直以来，我国农业用水管理不到位，农业水价形成机制不健全，价格水平总体偏低，不能有效反映水资源稀缺程度和生态环境成本，这不仅造成农业用水方式粗放、农田水利工程运行维护经费不足，而且阻碍农业产业结构及技术结构的转型升级，影响农村经济发展。

　　粮食安全战略是我国的国家战略，同时粮食作物也是耗水量最多的作物。为了保障粮食增产，水资源的要素价格被人为扭曲，很多地区的粮农一直以来甚至是免费用水。随着我国粮食生产由供给全面短缺转变为供求总量基本平衡，国家开始逐步调整粮食安全战略，实施农业要素资源的市场化改革。党的十八届三中全会提出要加快自然资源及其产品价格改革。2016 年国务院办公厅出台《关于推进农业水价综合改革的意见》，提出要建立健全农业水价形成机制。此后，2016～2020 年每年的中央一号文件及《中共中央国务院印发乡村振兴战略规划（2018－2022 年）》《中共中央国务院关于实施乡村振兴战略的意见》《国务院关于促进乡村产业振兴的指导意见》等均提出要稳步推进农业水价综合改革。农业水价改革因此上升为一种国家行为。

　　本书阐述了农业水价改革的研究背景与意义，分析了我国农业水价改革的历史演变与现状，介绍了国内外农业水价改革的主要经验，对农业水价改革的节水效应进行了实证检验，剖析了农业水价的形成机制，并以重庆为例探讨了我国水利工程的供水价格，利用调研数据对我国农业水价改革的微观主体行为进行了分析，阐释了我国农业用水合作的演变、问题及成因，对农业用水合作典型案例进行了总结和提炼，最后提出了相关的政策建议。

　　推进农业水价改革，既涉及水价制度的制定，又涉及水价制度的执行。从水价制度的制定层面看，水价机制如何形成，如何权衡考虑农业供水单位的供水成本和价格，农户对水费的承受能力如何，对农业水价改革持何种态度？从水价制度的实施层面看，推行农业水价制度的难点和赌点在哪里，用水合作组织在推行农业水价制度的过程中扮演着怎样的角色，政府该如何推进农业用水合作？等等。这些问题的回答，将有助于进一步深化农业水价改革、促进农业节水和农村经济转型升级。

目 录

第1章

导　　论

1.1　研究背景

　　水费制度在我国很早就已出现。2000 多年以前，四川都江堰地区就出现了每亩收取 10 斤稻谷的用水收费制度①。事实上，稻谷就是以实物形式存在的水费。新中国成立以来，我国水资源的供给经历了从无偿到有偿的过程，与之相伴随的是用水价格也经历了从无到有、从改革起步到加快发展的演变历程。农业用水价格是水资源价格的重要组成部分，其改革经历了从征收水费到征收水价的重要转变。之所以发生这样的转变，是因为水资源是一项重要的战略性资源，随着经济发展迈入深水区，水资源对经济社会发展的制约和瓶颈作用将会逐步显现，因此党的十八届三中全会提出要加快自然资源及其产品价格改革，国务院于 2016 年专门颁布了关于加快推进农业水价改革的意见，此后的中央一号文件等均提出要推进农业水价改革。党中央、国务院

---

① 陶晓华. 我国水价制度的历史沿革 [J]. 治淮，2004（12）：16－17.

如此重视农业水价改革，并将其上升为一种国家行为，其初衷大致可以归结为以下三点。

1.1.1 农业是我国用水大户且水损耗巨大

我国水资源总量丰富，但人均水资源占有量较为匮乏，而且水资源在地区、年际年内分配不均。特别是，粮食作为耗水量最大的农作物，其生产分布的"南少北多"与水资源的"南多北少"形成了较为鲜明的对照。从全球来看，农业生产消耗了七成以上的水资源，而且很多国家的用水效率在50%以下。根据联合国粮农组织的预估，到2050年，为了满足人口增长对粮食的需求，全世界农业用水需求将增加50%。中国的情况也大致相同，我国农业用水量占用水总量的60%以上，因此水资源挑战的关键在农业（姜文来，2015）。2018年，全国用水总量6015.5亿立方米。其中，农业用水3693.1亿立方米，占用水总量的61.4%；工业用水1261.6亿立方米，占用水总量的21.0%；生活用水859.9亿立方米，占用水总量的14.3%[①]。中国追求粮食自给，其人口在不断增长，因此农业对水资源的需求还会不断提高（纳撒尼亚尔·马修斯，2013）。从水损耗来看，水稻生产往往采取漫灌、淹灌等耗水量大的灌溉方式，同时输水过程中"跑、漏、冒"问题比较突出，导致农业生产中灌溉水资源的平均利用率不到50%，目前西方发达国家灌溉水资源的平均利用率达70%以上，因此我国水资源的利用形势堪忧[②]。

1.1.2 灌溉工程难以良性运行

灌溉工程的运行，需分别从大中型灌溉工程和小微型灌溉工程两个层

---

① 资料来源于2018年中国水资源公报。
② 资料来源于中国水利学会网站（www.ches.org.cn）。

面来加以讨论。首先，多数大中型灌溉工程在我国修建时间较早，修建时的技术水平有限，导致工程的设计标准不高，再加上使用时间偏长，老化损毁较多，工程的完好率较低。其次，斗渠、农渠和毛渠等小微型灌溉工程的损坏情况更为严重，根据水利部的调查显示，目前我国各地区小型灌区渠道及渠系建筑物的平均完好率不足 50%，最低甚至仅有 20% 左右[①]。投入不足是当前我国灌溉工程难以正常运行的主要原因。从政府的投入层面看，一方面 1998 年以来国家不断加大对大中型灌溉工程的续建配套和节水改造力度，但因为历史欠账较多，中央的财政投入难以满足大中型灌溉工程改造的实际需求；另一方面量大面广的末级渠系一直以来未被纳入中央财政的扶持之列。从农户的投入层面看，过去灌溉工程的投入一直依靠农户的投工投劳加以解决，但农村税费改革以后，农户的投工投劳大幅减少，导致渠系工程的正常运转受到较大威胁。

1.1.3　农民水费负担比较重

农民水费负担较重，主要体现为农民实际缴纳的水费高于应该缴纳的水费。农民实际缴纳水费较高的原因在于：第一，由于农田水利设施测水设施不足，计量手段单一，农民实际的用水量往往难以准确测量，在实际的水费收缴过程中通常采用按亩收费的替代办法。这种办法最大的弊端在于，不管你用多还是用少，甚至不管你是否用水，均需要缴纳一定土地面积的水费，这个在农田水利工程不完善的情况下，极容易产生农民多缴费的情况。第二，农村税费改革以后，水费成为基层政府唯一保留的收费项目，水费征收一般要经过县、乡镇、村、组四个环节，由于信息不对称，各环节基于对利益的追逐而极易产生价格加码的现象，由于缺乏相应的监管机制，这些行为无形之中会加大农民负担。

---

① 资料来源于水利部网站（www.mwr.org.cn）。

开展农业水价制度改革，一方面可以利用水资源的价格信号激励用水户节约用水，另一方面可以为灌溉工程特别是小微型灌溉工程的建设、管理和维护提供资金支持，同时还可以确保水费收取的公平和公正，切实减轻农民负担。

1.2 研究意义

本书的理论意义在于：当前农村产品的市场化改革进程要远远快于要素的市场化改革进程。水是农业生产的基本要素之一，深入推进农业水要素的市场化改革是优化水资源配置、全面深化农村改革的根本举措。本研究试图证明，合理的农业水价，能够为农户节约用水、改进生产方式、维护末级渠系、发展节水型农业提供必要的激励机制，有了正确的激励机制，单个的农户具有了企业家精神，人们就会努力地学习节水知识，努力地钻研节水知识，无论这知识是关于社会的、自然的还是技术的；而农业用水合作，正可以帮助农户在寻找节水办法时少走弯路，少犯错误（张维迎，2013），并为共同治理小型农田水利工程这类准公共产品奠定基础；此外，农业水价若完成市场化改造，由政府指导价变为市场价后，单个的小农户由于势单力薄，往往需要联合其他农户，组建农业用水合作组织，以提高自身的议价能力，防止水价涨幅太快导致自身利益受损。本书的理论价值在于，厘清农业水价改革与农业用水合作之间的相互影响机理。一方面农业用水的市场化改革，所产生的价格激励效应促进农业用水和农业生产的分工与合作；另一方面数量众多且极为分散的小农之间的用水合作，可以真正构筑农业水价形成机制的需求方，为供需决定农业水价的市场化改革提供了基本的遵循。

本书的现实意义在于：中央在全国范围内推进农业水价改革的过程中，会遇到资金相对不足的约束，为此在2013年和2014年分别选择了55

个县和 80 个县开展试点，共投入资金 10.75 亿元①。检验这批资金在试点县的实施效果，是本书最为重要的现实意义之一。实施农业水价改革，除了要试点先行、分类推进以外，还应兼顾用水链条上各类主体的利益，因此分析水利工程单位的供水价格以及农户对水价的意愿和承受能力是本书另一个重要的现实意义。农户是我国农业经济的主体，分散的农户与集中供水单位存在身份上的不匹配，本研究回归到农村家庭联产承包责任制这一全国性的基本农村经营制度上来，认为农村家庭联产承包责任制的制度冲击效应早在 20 世纪 80 年代中期就已经释放完毕（林毅夫，1993），有承包、无联产的现状一直困扰着中国农业农村的发展，用水合作是联产的重要功能之一，过去农民的集体性投工投劳有力地保障了农田水利工程的供给，但现在这项功能在农村税费改革以后，几乎消失殆尽，农田水利工程特别是末级渠系成为我国北方和南方地区共同的治理难题。为此，有学者呼吁，重建新型集体经济，再造村社集体（贺雪峰，2019）。我们的调查也发现，对于谁来组织开展用水合作，农户首选的还是村集体。这个发现对于我们顺利组织农户开展农业用水合作、进而推动农业水价改革具有颇为重要的现实意义。需要说明的是，农业用水合作难的重要原因在于地块分散，且相互"插花"，上下游关系错综复杂，用水不公平成为农户之间不愿合作甚至拒交水费的源头，因此适度调整地块结构，对于推进适度规模经营、开展农业用水合作及农业水价改革意义重大。

1.3　研究思路、主要内容与研究方法

1.3.1　研究思路

本研究始终坚持"从实践中来，到实践中去"的理论形成指导思

---

① 数据为笔者根据两个试点县的投入测算得来。

想，基于当前我国农田水利发展实际和现代农业发展需要，从农业水价制度的设计与执行两个维度出发，充分运用农业经济理论、价格理论、组织行为理论、交易成本理论、产权理论等多维理论视野，采用文献法、问卷调查法、案例分析法、计量分析法等系列方法，了解我国农业水价制度实施的障碍及其影响因素，总结国内外开展农业水价改革的经验，实证分析农业水价改革的节水效应假说，探索农业水价的形成机制，研究我国水利工程供水价格情况，从农户层面对我国农业水价改革情况进行微观调查分析，紧接着探讨我国农业用水合作的发展演变、问题及成因，并采用案例法分析农业用水合作的主要模式，进一步提出深化农业水价改革、创新农业用水管理的对策建议。

1.3.2　主要内容

第1章导论：主要阐述农业水价改革的研究背景、研究意义、研究思路、主要内容、研究方法以及可能的创新之处等。

第2章国内外研究综述：重点从构成要件、定价模式、水费计收方式、分担形式等方面介绍农业水价的形成机制，然后从农业节水、农田水利工程运行、农村经济增长、农民增收等维度探讨农业水价的改革效应，最后分析农业水价改革的路径选择及优化。

第3章我国农业水价改革的历史演变与现状分析：分析农业水价改革的历史沿革，阐述我国农业水价改革的现状，并剖析当前农业水价改革存在的主要问题及原因。

第4章国内外农业水价改革经验借鉴：分析国外在农业水价制度建设及管理方面的先进经验，剖析国内农业水价改革的典型做法，并得出进一步推进我国农业水价改革的几点启示。

第5章农业水价改革的节水效应分析：根据2012～2016年全国52个试点县和非试点县的面板数据，从水稻、小麦、玉米三种主要粮食作物出发，采用多期双重差分方法，实证研究农业水价改革对试点区县主要粮食作物节水的因果效应。

第 6 章农业水价的形成机制分析：首先界定农业水价的基本概念，紧接着阐述农业用水定价的理论基础，然后论述农业用水差别化定价的基本原理，最后探讨农业水价制定的思路与路径。

第 7 章我国水利工程供水价格研究——以重庆为例：试图采用管中窥豹的方法，通过重庆来解析我国水利工程供水及其价格情况，首先介绍水利工程供水价格的概念、定价基础以及水价制度、类型，然后分析当前水利工程供水价格的现状及存在的问题，最后探讨水利工程供水价格的改革思路。

第 8 章我国农业水价改革的微观调查分析：利用笔者所在课题组 2018 年 8 月组织高校学生进行全国范围调研的数据，分析农户家庭的基本情况、家庭农业灌溉用水情况、参与小型水利工程建设情况、参与用水户协会的情况、对水利建设的评价情况、对小型水利设施的需求情况。

第 9 章我国农业用水合作的演变、问题及成因：首先分析我国灌溉管理体制发展的历史演变，接着介绍基于农户参与灌溉管理的农业用水合作模式，然后阐述当前我国发展农业用水合作组织的主要做法及成效，最后分析我国农业用水合作组织发展存在的主要问题及产生的原因。

第 10 章农业用水合作模式的案例研究：从全国范围内选取六个不同的案例来对不同地区的农业用水合作过程进行个案剖析，从而总结出不同地区符合实际的农业用水合作管理模式。

第 11 章研究结论与对策建议。对于上述内容进行系统总结，并提出相关对策建议。具体包括：培育壮大多元化农业用水合作组织、加强农业水费征收管理和监督、加强农田水利基础设施建设和维护、深入推进农田水利设施产权制度改革、积极完善相关配套政策等。

本书的研究技术路线如图 1.1 所示。

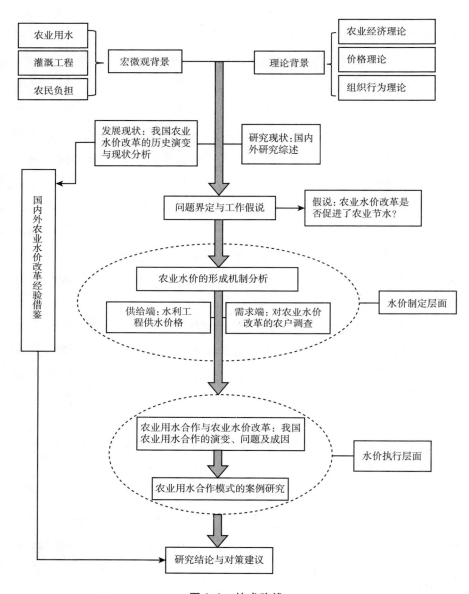

图 1.1　技术路线

1.3.3　研究方法

（1）文献研究法。系统地回顾国内外有关农业水价改革的相关文献，并从中整理出国内外关于农业水价制度构建、农业用水合作等方面的重要观点、成功经验及对策建议等内容。

（2）抽样调查与典型调查相结合。在预调研的基础上，通过问卷调查、定点观察等形式分省抽查与统计分析农业水价制度实施的现状及隐患、家庭农业灌溉用水情况、参与小型水利工程建设情况、参与用水户协会等情况。同时按照经济、地理和要素条件在上述地区选取农业用水合作典型进行案例分析。

（3）规范研究与实证研究相结合。采用现代农业经济理论、价格理论等分析农业水价的形成机制、水利工程供水价格的定价机制；运用组织行为学和交易成本理论分析农业用水合作的集体行动逻辑及影响因素；采用多期双重差分方法，实证研究农业水价改革对试点区县主要粮食作物耗水量的因果效应；采用比较分析法对我国农业水价改革的微观个体进行调查分析；采用案例研究法对不同地区的农业用水合作过程进行个案剖析。

1.4　可能的创新之处

第一，研究内容上的创新。在研究内容上，本书厘清了农业终端用水价格测算的成本构成，并利用调研案例对农业终端水价进行了系统测算，从供给端（水利工程供水）和需求端（农户需求）两个层面对农业水价制度设计进行了评价和分析。首次利用县域数据对农业水价改革政策的节水效应进行了实证分析。利用微观调查数据分析了农户参与农业水价制度改革的状况。从全国范围内选取了六个不同的案例，进而总结出不同地区符合实际的农业用水合作管理模式。

第二，研究视角上的创新。农业水价改革，既涉及水价制度的设计，也涉及水价制度的执行。本研究从水价制度制定的角度，分析了农业水价的形成机制、水利工程供水价格等；从水价制度执行的角度，分析了我国农业用水合作的发展演变、问题、成因与主要模式。从目前来看，同时从水价制定和执行两个角度系统分析农业水价改革问题在国内非常少见。

第三，研究方法上的创新。在研究方法上，本书利用 2012～2016 年全国 52 个试点县和非试点县的面板数据，从水稻、小麦、玉米三种主要粮食作物出发，采用多期双重差分方法，实证研究了农业水价改革对试点区县主要粮食作物节水的因果效应。综合运用历史比较、横向比较、国际比较"三维"比较法分析了农业水价改革历程、国内外农业水价制度改革的经验与做法。采用典型案例研究法对不同地区的农业用水合作过程进行个案剖析。

第2章

国内外研究综述

    农业是用水大户，也是节水潜力所在。长期以来，我国农田水利基础设施薄弱，运行维护经费不足，农业用水管理不到位，农业水价形成机制不健全，价格水平总体偏低，不能有效反映水资源稀缺程度和生态环境成本，价格杠杆对促进节水的作用未得到有效发挥，不仅造成农业用水方式粗放，而且难以保障农田水利工程良性运行。2016年《国务院办公厅关于推进农业水价综合改革的意见》提出要建立健全农业水价形成机制，提高农业用水效率，改善灌溉工程运行质量，促进农业节水和农业可持续发展。正是基于这一现实背景，本章将对以往有关农业水价改革研究的文献从历史背景、价格形成机制、实践效果、路径选择与优化四个维度进行梳理归纳，并从研究对象、理论框架、研究方法和视角等三方面对研究脉络进行简要述评和展望，从而为进一步开展相关的理论和实践研究提供借鉴。

2.1 农业水价改革的历史背景

    中国有几千年的灌溉史，秦汉时期就开始实行灌区大规模工程建设由政府投资为主、末级渠系建设和维护由用水户出资出劳的办法（成诚，王金霞，2010）。新中国成立以来，中国政府和农民已在灌溉工程方面进行了巨额投资（韩青，袁学国，2011），特别是20世纪50～70年代，中国绝大多数灌溉工程特别是大中型灌区修建于这段时间，但灌溉工程的建成完工，需要成立相应行政机构来保证灌溉系统正常运转和维护灌溉系统质量，灌溉系统不断扩大导致行政机构所需要的资源大幅上升，在预算约束条件下，很多灌溉系统的硬件基础设施和维护运营资金的可持续性已经受到了威胁，实际运行中大部分灌溉系统的效率、灌溉成本回收、保障灌溉公平和责任的实际效果很差（孟德锋，张兵，刘文俊，2011）。灌溉系统不断恶化的表现主要有灌溉基础设施老化失修、灌溉渠道质量差、渠道设置不合理和缺乏最基本的渠系运行和维护资金，很多灌区已超过规定的使用年限而未能及时更新改造，这些灌区的渠道老化，很多渠系无法正常供水，不能有效地发挥它们在农业生产中的作用（孟德锋，张兵，2010），如果不对这些老化的工程和设备进行改造和修缮，供水的可持续性将受到严重威胁，难以支撑21世纪我国人口对粮食的需求（翁贞林，2012）。造成这种后果主要是因为没能筹集到足够的资金来支付灌区的运行和管理费用（国务院发展研究中心课题组，2011）。

从政府层面看，在中国，和民间以及私人企业相比，政府在大规模基础设施建设和维护运营方面具有规模经济的优势，是建立和维护这些基础设施的中心，但是大中型灌区骨干工程改造的实际投资需求巨大，而且受传统观念和计划经济的影响，农田水利特别是小型农田水利一直得不到公共财政投资支持（胡艳超，刘小勇，刘定湘，郎劢贤，2016）；与此同时，中央和地方政府最初将灌溉投资作为福利，长期将灌溉收费维持在运营成本之下，而随着包括教育、道路和生活用水等在内的其他公共基础设施投资的加大，政府财政无法继续支持灌溉系统长期低于成本的运营和不断增加的运行和维护成本（Meizen-Dick et al.，2012）。

从农户层面看，1978年家庭联产承包责任制在中国的实行，使农民的注意力开始转向小规模家庭生产，将家庭大部分资源投资于承包小规模土地，农户缺乏对灌溉基础设施投资的动力，对公共基础设施建设和维护的关注度降低，这使得政府机构组织和动员农民去建设维护公共灌溉基础设施难度加大（刘辉，2014），特别是农村劳动力大量转移以及农村税费改革以后"两工"取消，农民对末级渠系的维修养护投入急剧减少（贺雪峰，郭亮，2010）。

基于此，中国进行了多次以改革灌溉水价为核心的灌溉制度改革，以确保当前农田水利持续投入和发展的需要（刘小勇，2016）。1997年以前，灌溉水价总体上没有太大的增长，约为供水成本的1/3。1997年，国务院发布了《水利产业政策》，规定新建水利工程的供水价格要按照满足运行成本和费用、交纳税金、归还贷款和获得利润的原则制定；原有水利工程的供水价格，要根据国家的水价政策和补偿成本、合理受益的原则区分不同用途，在3年内逐步到位。之后，很多地区按"小步快跑"的思路调整灌溉水价，水价有了较大幅度的上涨，灌溉费用在粮食生产成本中的比例迅速上升，从1980年的3%上升到2000年的10%左右（曹云虎，陈华堂，2015）。2004年1月起，中国开始实施新的《水利工程供水价格管理办法》，明确指出供水者是"经营者"，要提高水价从而体现水的商品价值。新办法的基本原则是，征收的水费不仅要能全部补偿供水成本，而且必须在非农部门保证一定的利润和税金。

2.2 农业水价的形成机制

市场机制是价格调整最为有效的方式，可以充分实现商品分配的效率和效益目标，按照市场经济原则建立科学的农业水价形成机制，是推进农业水价改革的基本方向。农业灌溉供水作为一种商品，既符合一般商品市场定价的原则，又具有一定的特殊性，在价格的构成要件、定价模式、水费计收方式、水价分担等方面不同于一般商品。

关于农业水价的构成要件，主要有"累进水价论"和"综合水价论"两类观点，前者认为在灌溉定额内的农业用水，按成本收回原则定价，对超过定额的用水，加收水资源费及供水利润，当用水总量超过水资源的承载能力时，水价中应包含环境成本，为促使水资源向高收益方向移动，还应考虑水资源使用的机会成本，后者认为，农业水价应实行综合水价，其基本内容为最高限价下的用水户协会协商定价加上水价风险补偿金（姜文来，2011）。龚宇等（2011）提出了季节性梯度水价和两部制水价的思想，王哲、赵帮宏（2014）分析了河北省张北县水价制度后认为，定额内用水基准价为 0.2 元/立方米，超定额用水加收阶梯水费，能够实现有效节水，并指出机制节水最为重要，是决定农民是否节水的关键所在，"总量控制、定额管理、综合收费、阶梯计价"的综合机制对于激励农业节水具有很好的作用。薛小颖（2014）通过对安徽省合肥市农业水价改革进行调研后提出，农业水价改革应该重点完善水价形成机制，实行分类水价和"两部制"水价（基本水价和计量水价）制度，其中，基本水价保障农业生产，计量水价鼓励农民节水。

关于农业水价的定价模式，主要有"服务成本＋用户承受能力"定价、"服务成本＋完全市场"定价、"全成本＋用户承受能力"定价、用水户承受能力定价等，通过对比研究发现，全成本定价对于农户而言往往难以承受（Tsur Y.，2015）。赵印英等（2016）通过对山西丘陵山区 11 个县农业生产成本、水费、产量、收益及农民纯收入的调研，以粮食作物玉米为代表，以水费占农业生产成本、水费占农业生产净效益和水费占人均纯收入的比例 3 种方法分别测算农民对灌溉水价的承受能力，结合丘陵山区社会经济状况、水资源条件、农业种植结构、现状水价等情况，兼顾供水者、用水者双方利益，从节约用水要求出发，提出山西丘陵山区农民对农业灌溉水价的承受能力在 0.25～0.4 元/立方米之间，如果水价低于 0.25 元/立方米，就容易造成水资源的浪费，如果水价高于 0.4 元/立方米，特别是灌溉的成本接近和大于灌溉收入时，农民因收不抵支而停止灌溉。王西琴等（2016）根据对陕西关中 7 个灌区的实地调研，采用水费承受指数计算水价，研究结果表明，7 个灌区水价具有一定上涨空间。选用水费占农业总产值 10%、占农业生产成本 15% 和占农业净收益 13% 等 3 个指标计算水价，7 个灌区水价上涨空间分别为 0.133 ~ 0.339 元/立方米、0.028 ~ 0.077 元/立方米和 0.005 ~ 0.131 元/立方米。水价上涨后农户的承受能力表现出区域差异，洛惠渠、宝鸡峡、桃曲坡等 3 个灌区承受能力介于 41.2% ~ 70.0% 之间，石堡川、羊毛湾、泾惠渠等 3 个灌区介于 18.0% ~ 26.7% 之间，东雷抽黄灌区介于 28.8% ~ 38.8% 之间，其中农户承受能力高低与种植结构密切相关。

关于农业水费的计收方式，一般可以分为定量方法和非定量方法两类，定量方法就是根据灌溉水的使用量来确定水价的机制，非定量方法则是以单位产出、单位投入或者单位面积为基础对灌溉用水收费的方法，这种方法易于实施和管理，定价方法的选择如果不考虑实施成本，定量计价是水资源配置最有效率的方式，但如果考虑到实施成本则不然（韩克满，2013）。邹敏（2012）分析了引黄自流灌区农业供水全面推行"一价制"水价政策，即将干渠水价、征工折款和支斗渠维护管理费"三费"合一，统一实行按方计量收费，分别以干渠直开口或支渠直开口为计量点，实行计量收费。水费收缴实行统一收取、先缴后返、分级使用的管理办法，由各水资源管理单位开票，农民用水户协会凭票向农户收费，这种计收方式取得了农业节水、农民减负和末级渠系自主管理的"三赢"效果。

关于农业水价的分担机制，尹小娟等（2016）从黑河流域农民灌溉水费支出的调查中发现，目前水费支出占农业收入的比例偏高，水价已经达到了农户承受力的最高点。因此，利用公共财政对农业水价进行成本补偿显得十分必要（张献锋，冯巧，尤庆国，仇小霖，2014），刘红梅等（2015）从经济学的角度对不同的农业水价补贴方式进行了分析，结果表明，农业水价补贴由"暗补"变为"明补"是一种必然趋势，

"明补"比"暗补"更有效。因为财政直接补贴农户的方式可以避免间接补贴方式下"鼓励浪费"现象的发生（孙亚武，2011）。魏建华（2012）以龙凤山灌区为例，建议由财政补贴没有达到成本部分的水价成本。孙梅英等（2011）论述了农业灌溉水费"暗补"改为"明补"的必要性与可行性。郑通汉（2016）认为实行两部制水价制度有利于对供水生产成本费用的均衡补偿。刘宏让（2010）针对宝鸡峡灌区农业供水价格政策性亏损问题，结合供水成本与农产品价格指数上涨等因素，提出了建立灌区农业供水成本补偿机制的建议。邹新峰（2015）研究表明农村税费改革对末级渠系建设和农业水费收取影响巨大，建议推动农业水价改革应建立合理的补偿机制，引入科学的投入机制。周振民（2012）对河南省人民胜利渠引黄灌区农业水价的成本构成和水费征收方式进行了研究，提出了合理补偿农业成本水价的综合对策与措施。冯广志（2010）对完善农业水价形成机制若干问题进行了思考，认为水价主管部门坚持补偿成本是农业水价改革的核心原则，但多年来全国没有一个省贯彻执行，也没有一个灌区能做到，现行农业水价形成机制存在重大问题，需要完善。姜文来（2014）根据农田水利存在的问题，明确提出建立农业水价合理分担机制的建议。此外，由于供水次序发生变化，农业供水保证率下降，部分水利工程的农业用水指标被挤占，还应建立"以工补农""以城带乡"的水价分担机制（尹庆民，马超，许长新，2010）。

2.3　农业水价的改革效应

农业水价改革对农业节水、农田水利工程良性运行、农业增长、农民增收有没有影响，有多大影响，由此引发出的经验实证研究成为近年来农业水价研究的一个热点。

关于农业水价改革与农业节水，曹希、李铮（2016）认为水价的经济杠杆作用可以自动调节用水户的用水行为，并且作为激励节约用水的主要手段。水利部调研组（2013）的调查报告显示，中国的渠系水利用系数较低的原因在于灌溉水价低，而不是缺乏灌溉节水技术；灌溉用水户及灌区普遍缺少节约用水的经济动力。从这个意义上说，提高水价不仅可以极大地提高居民的水商品意识，还可以解决供水单位日益严重的经济亏损问题。邦妮（Bonnie，2014）利用美国西部4个地区5种农作物的时间序列数据以及多元产出农户模型估计了灌溉水价对农户农作物选择概率、农作物单产、土地利用以及地块水平上农作物需水的影响，其结果是，灌溉水价变动主要影响农户的种植结构，而对每次灌溉的用水量影响不大。郭托平（2014）、李伊莎（2015）的研究也发现，农业水价改革对农民与供水单位的节水行为没有显著影响。还有一种观点认为，水价政策能否起到节水效果，取决于水价是否超过灌溉水的真实价值。刘莹、黄季焜、王金霞（2009）的调查结果和模拟结果均显示黄河上游样本地区的现行水价（0.012元/立方米）低于灌溉水的真实价值（0.023元/立方米），因此在水价较低时，用水量表现为无弹性。随着水价的提高，影子价格逐渐下降，直到影子价格为零时，农户开始减少用水量，此时用水弹性变得非常敏感。当水价上升到现行水价的3倍以后，用水弹性又开始恢复成低弹性。

关于农业水价改革与农田水利工程良性运行，李光远（2016）指出，随着大中型灌区节水改造工程的实施，灌区水利基础设施不断完善，水利工程运行管理成本增加，由于水价低于成本费用，致使水利工程维修养护经费投入不足，直接影响水利工程良性运行。朱杰敏、张玲（2012）的研究发现，我国农业水价太低，定价原则极不合理，即远远低于供水成本，更不反映资源稀缺，资源本身的价值被抛弃，制约了农田水利事业的发展，导致水资源管理单位经营困难，长期靠财政补贴度日，无力开展农田水利工程的正常管护工作。布罗基（Brajer，2015）在研究供水行业改革中的补偿问题时认为，提高水价可能是一种具有政治风险的行为，他强调应加强水费的有效管理与合理使用，并将其主要用于提高灌溉供水服务水平。杨金奎（2016）认为农业水价综合改革建立了较为完善的灌溉工程体系，实行灌溉用水精准计量，工程产权移交给试点区协会管理，进一步明确了用水户协会的管理主体地位，落实了工程管护责任，逐步理顺了灌溉秩序，减少了水事纠纷，有利于农田水利工程长期良性运行。

关于农业水价改革与农业增产，李柳身（2016）通过对河南省农业水价综合改革试点进行的调研发现，农业水价改革明显提升了河南省的农业综合生产能力。他认为，农业水价改革试点项目的实施，使每一轮次灌溉周期由实施前的 15 天缩短为实施后的 10 天左右，灌溉保证率由实施前的 60% 提高到实施后的 90%。灌溉保证率的明显提升，使每一轮次灌溉周期显著缩短，粮食作物、经济作物的亩均单产和总产量有较大幅度增加。从试点地区的情况来看，这些区域的粮食作物和经济作物的增产都在 10% 以上。朱洪清、王志丰（2015）认为，农业水价改革可能会导致农业成本上升，甚至因为收益下降而导致部分农民的部分农业生产放弃灌溉，影响正常农业生产。刘晓龙（2015）的研究认为，农民对农业水价提高几乎没有承受能力，如果农业水价达到供水成本，农业生产必将大量亏损，农业生产活动无法继续。

关于农业水价改革与农民增收，周雄（2013）以江苏省常熟市农业水价改革为例，分析了农业水价的杠杆作用。他指出，农业水价综合改革大大提高了灌溉保证率和生产效率，降低了农田水利工程的运行成本。农户在田间地头通过使用微喷带、滴灌带灌溉农作物，极大地改善了农田灌溉条件和灌溉水利用率，减轻了农业面源污染，提高了农业抗风险能力和生产稳定性，实质性地增加了农民收入，也带来了当地农业种植结构和耕作技术的重大变革，产生了巨大的经济效益、生态效益和社会效益，2012 年常熟市农民人均纯收入超过 1.6 万元。罗杰斯等（Rogers et al.，2014）认为，水价政策在一定范围内无法取得显著节水效果，反而会对农业种植收入带来很大负面影响。这是因为在很长一段低价范围内，农户的用水需求弹性很小，农户开始减少用水量的前提是，水价的提高明显减少农户的种植收入。姜萍、孙林（2012）通过对江苏省皂河灌区126户农户的实地调查发现，农民的水费支出仅次于化肥，在物质费用中占25.1%，居第二位。因此，提高水价只能是进一步降低农民的收入水平。刘莹、黄季焜、王金霞（2009）利用黄河上游卫宁灌区和青铜峡灌区的调查数据，通过建立纳入生产函数的农户多目标决策模型，分析得出，随着水价上升，种植收入持续下降，而收入的下降虽然同水费支出的上升有关，但主要原因是水价上升迫使农民调整种植决策带来的。廖永松（2011）以华北平原中南部石津灌区、陕西省关中平原中部泾惠灌区和四川省北部丘陵区武都灌区内180个农户的调查数据为基础，计算了灌溉水价改革对农民收入的影响，研究结果表明，提高灌溉水价会降低农民收入，若按照补偿灌溉供水全成本目标征收水费，农民收入增长会受到较大影响。

2.4 农业水价改革的路径选择及优化

如何优化农业水价改革的实施路径，一些学者在供水计量设施建设、水权制度和水市场建设、农业用水组织建设、小型农田水利工程产权制度改革等方面提出了有较强针对性和可操作性的对策措施。

关于供水计量设施建设，李博等（2016）、马磊（2016）、何寿奎（2015）等的研究认为，水价机制应该成为农业用水管理的重要机制，但在生产实践中，受田间计量手段的限制而不能按实际用水量收费，使得价格机制在实践中难以有效应用。李生潜（2016）指出，末级渠系配套不完善，缺乏计量设施，无法实行终端水价。目前田间节水设施还不完善，特别是斗农渠还未完全配套，斗农渠计量设施还不健全，造成同一水源上下游不同时受益，同等面积、远近灌溉片不同等用水，进而无法实行终端水价。金明一、臧志明（2008）对供水计量设施建设的内涵进行了界定，他们认为，供水计量设施建设不仅包括渠道标准断面建设、测量仪器的选择和购置等硬件建设，还包括测量人员的选配、量测水人员的操作技能培训等软件建设。徐涛等（2013）基于南湾灌区的研究发现，灌区工程末级渠系老化失修严重，"跑、冒、漏"现象突出，农业用水计量设施落后，控制及计量设备不全，不能有效控制和观测水量，给节约用水、推行新的水价制度带来很大困难。水利部调研组（2015）调查显示，黑龙江省香磨山灌区从 2000 年开始对灌区内支渠、渠系建筑物进行维修改造，在每条支渠进水口处衬砌标准断面作为计量点，并在骨干渠道上建立了水质自动监测站、水位观测点、流量观测点，这种做法不仅使渠道水的利用系数从 0.4 提高到 0.7，大旱之年保证了水稻丰收，而且计量收费得到了农户的理解和支持，为农业水价改革奠定了良好的基础。

关于农业水权制度和水市场建设，姜文来（2013）认为水权是指水资源稀缺条件下人们有关水资源的权利的总和（包括自己或他人受益或受损的权利），其最终可以归结为水资源的所有权、经营权和使用权。而贺骥（2012）指出在一些存在水权制度的国家，水权是指水资源的使用权、收益权，它区别于水资源所有权，它的获得或者依照法律的规定，或者通过双方当事人的交易来实现。胡艳超等（2016）以甘肃省农业水权制度改革实践为基础，阐述了甘肃省在水资源使用权确权登记、水权交易流转、相关制度建设等方面的先进经验，指出当前农业水权制度改革存在着农业水权定额普遍偏低、农业水权交易仍以政府主导、农业水权交易边界条件不充分、农业水价水平总体偏低等问题，并提出要统筹地下水与地表水使用、区域经济发展模式、资源禀赋特征、人均耕地面积、灌溉习惯等因素，科学编制农业水权分配方案，尽量细化分配层级；同时建立动态的水权调整机制，适时对已分配水权进行调整；通过完善配水计划、加强用水监审等方式，提高水资源精细化管理水平，严格控制农业用水总量等对策建议。米勒（Miller，2014）研究发现，要实现水权市场的足够发育，水权必须界定明晰，而农业水权转移是决策实体之间农业水权交易大量发生的产物，在水供给紧张的灌区，经济利益是诱导农业水权转移的必要条件之一。罗莎琳（Rosalyn，2013）通过分析水权市场、水权、水转让的特点，揭示了地区水商品贸易的非均匀性以及水商品转让的特殊性，并指出在估算水供给的市场价值和评估水资源的重新分配时，有必要系统地考虑水权及其转让的特性。张秀琴（2013）认为在水权市场上，由于现实和潜在经济效益的存在，买者愿意为使用水资源向卖者支付更高的价格，而卖者放弃现有水权也能获得合理的利润，而水权交易是否发生、发生频率的高低和交易的净收益大小，取决于其交易费用（李华，2010）。由于水权市场发挥作用的条件比较苛刻，农业水权转移的有效性依赖于较低的运行成本，而且还需要与之配套的外部环境，进一步降低水市场的交易费用（张戈跃，2015）。

关于农业用水组织建设，叶尔坎（Yercan，2013）认为改进灌溉管理和增加水生产率的有效方法是增加农民和其他用水户对水资源管理和运行的职责。很多国家，诸如墨西哥、菲律宾等，都进行了灌溉管理转权改革，这项改革是将灌溉管理职责从政府部门移交给新成立的用水户协会。楚永生（2012）认为用水户参与灌溉管理和建立用水户协会是中国灌溉管理改革的方向，并且符合国际发展潮流。姜延国等（2016）、王晓贞（2015）、刘静等（2008）等的研究对用水户协会在中国的作用给予了积极评价，如：提高农业产出；保障用水公平，解决水事纠纷；提高用水分配的效率；有利于农村灌溉基础设施的有效利用与持续发展。与此同时，也有一些学者的研究发现，用水户协会改革的实际成效并不明显。韩洪云等（2012）的研究指出，由于农民文化素质和农田水利基础设施质量的限制等原因，农民用水户协会尚不能在农业水资源利用中充分发挥其应有的作用。袁再伟（2016）对比研究发现，改革灌区的农户并没有比传统管理方式灌区的农户表现出更高的技术效率。刘思好等（2016）对黄河流域灌区水管理制度改革的研究表明，农民参与灌溉管理改革的节水效果并不显著。尽管用水户协会被普遍认为是一种有效的灌溉管理方式，但其引入并不必然伴随着有效性，而是有赖于一系列条件和环境。王亚华（2013）认为中国实施用水户协会改革以来，用水户协会在各地推行过程中呈现出的绩效差异甚大，在一些地区产生积极作用的同时，在另一些地区则表现出低效甚至流于形式。

关于小型农田水利工程产权制度改革，董一鸣（2014）以河南民权灌区农民用水户参与灌区管理为例进行实证分析得出，小型农田水利工程产权制度改革为水价改革创造了有利条件，灌区将辖区内的农田水利设施通过签订承包合同的方式交给供水公司和农民用水户协会使用，公司和协会有权利和义务对各自管辖的水利工程设施负责，在具体运行中，坚持"以工程养工程"的原则，经主管部门批准和用水户协商，在政策允许范围之内筹措工程维护费，从而实现了排灌区自主管理和水费收缴率稳步提高的良好局面。水利部调研组（2015）对四川省的调查发现，四川已有近60%的小型农村水利工程实现了改制，改制的主要形式有租赁、承包、拍卖、股份合作制等，产权制度改革盘活了部分水利存量资产，促进了小型水利工程效益的发挥，调动了广大农户和社会各界投资兴办农村水利的积极性，为开展农业水价改革奠定了基础。

2.5 研究述评

国内外学者对农业水价制度的演变、构成、定价模式、实施方式与路径、作用效果等方面进行了广泛的理论探讨和实践总结。但现有的研究也还存在诸多局限，需要在研究对象、理论框架、研究方法、研究视角等方面有所突破。

第一，研究对象缺乏针对性。研究对象的界定涉及对农业水价改革行为主体和客体的理解。水价改革行为的实施主体毫无疑问是政府，但这里指的政府不应该是个抽象概念，它应包括中央政府和地方政府、政府决策层和职能部门、欠发达地区政府和发达地区政府等，是由一个个具有各自的行为特征和效用函数、按照特定组织规则运行的决策主体的集合。农业水价改革行为的客体，不能泛指或仅限于广大的农户，对农业水价改革进程中不同层次、不同区域、不同类型的农户形态进行分型，并刻画出每种类型的主要特征显得非常必要。随着我国城市化和工业化进程的加快推进，农村劳动力大量外出务工，随之涌现出诸多新型农业经营主体，这些新型经营主体参与农业水价改革的积极性和能力要远高于一般的农户；家庭联产承包责任制下村集体的经济组织功能缺位，水价改革往往面对成千上万的分散农户，交易成本极高，而水资源的公用性和非排他性，导致每户都想用更多的水，并且不需额外缴纳更多的费用，从而产生类似的"公地悲剧"；现有的用水合作组织多属于政府"层级推动—策略响应"的产物，推行效果并不理想，新形势下如何发挥新型经营主体、村集体和用水合作组织在农业水价改革中的作用至关重要。因此，拓展研究对象不仅可以极大地丰富农业水价改革的研究内容，而且也使农业水价改革研究具有较强的现实针对性和理论生命力。

第二，理论框架缺乏系统性。一是目前有关农业水价的研究多是借鉴西方经济学中的价格理论和方法，有些研究甚至借鉴电价、城镇水价、天然气价格等资源性产品的定价模式和过程，但由于农业灌溉用水的公共物品特性、不完全信息、外部性、规模性等特点，简单移植过来的相关理论未必适合我国的农业水价改革研究。二是农业水价改革是一项系统工程，水价政策作为单一的政策工具在很多情况下并不能达到促进水资源节约、农业增产、农民增收等多重效果，需要水价改革与其他制度的配套改革同时进行，才会有助于价格政策功能的实现，但已有的研究主要是从某些单一或局部的领域进行分析，各个问题相对独立、自成体系，缺少对农业水价改革的全过程、全方位和全员性探讨，缺乏完备的理论框架体系。

第三，研究方法和视角较为单一。就研究方法而言，现有文献多就事论事，一方面既缺乏对农业水价改革的历史纵向研究，也缺乏与国际农业水价制度的横向比较研究；另一方面多数研究成果为一般的规范性研究，主要体现为对现有农业水价改革的状况描述和调查分析，缺少严谨的经验性研究，更缺少系统的理论性研究。就研究视角而言，现有文献无论是原因的分析还是相关对策的提出，多数研究将视角停留于市场价格学领域，较少从制度经济学、管理学、系统工程学等领域看待农业水价改革问题；多集中于北方缺水地区的农业水价改革研究，对近年来受极端天气困扰的南方地区的研究较少；多集中于平原地区的农业水价改革研究，对山地丘陵地区的研究较少；多集中于粮食主产区的农业水价改革研究，对非粮食主产区的研究较少。

2.6 本 章 小 结

本章对农业水价的研究现状进行了梳理。从历史背景来看，政府和用水户分工开展水利工程建设有其历史上的渊源，不管是政府投入减少，还是用水户投入减少，都会导致水利工程建设受阻，部分学者的研究表明，1978 年家庭联产承包责任制在中国的实行使得政府机构组织和动员农民去建设维护公共灌溉基础设施难度加大，特别是农村劳动力大量转移以及农村税费改革以后，农民对末级渠系的维修养护投入急剧减少，这也是灌溉系统不断恶化的重要原因。水价改革的提出正是基于这样一个大的背景，希冀通过水费的收取来弥补劳动投入的减少。研究农业水价，需要在价格的构成要件、定价模式、水费计收方式、水价分担等进行深入剖析，关于农业水价的构成要件，主要有"累进水价论"和"综合水价论"两类观点，部分学者还提出了季节性梯度水价和两部制水价的思想，关于农业水价的定价模式，国内外学者分析了"服务成本＋用户承受能力"定价、"服务成本＋完全市场"定价、"全成本＋用户承受能力"定价、用水户承受能力定价等模式，关于农业水费的计收方式，学者们分析了定量和非定量两类方法的利弊，关于农业水价的分担机制，更多学者强调了财政分担的必要性及主要方式。关于农业水价的改革效应，国内外研究重点讨论了农业水价改革对农业节水、农田水利工程良性运行、农业增长、农民增收的影响方向和影响大小，普遍的研究结论表明农业水价对农业节水、农田水利工程良性运行、农业增长、农民增收等方面具有正向效应，但效应大小不一。关于农业水价改革的路径选择及优化，学者们在供水计量设施建设、水权制度和水市场建设、农业用水组织建设、小型农田水利工程产权制度改革等方面提出了有较强针对性和可操作性的对策措施。总的来看，国内外学者对农业水价制度的演变、构成、定价模式、实施方式与路径、作用效果等方面进行了广泛的理论探讨和实践总结。但现有的研究也还存在诸多局限，需要在研究对象、理论框架、研究方法、研究视角等方面有所突破。

第3章

我国农业水价改革的
历史演变与现状分析

当前，如何加快水利发展，以充分发挥其对水资源利用、国民经济特别是农村经济发展的支撑和保障作用，成为党和国家关注的重点，并将其提升到事关治国安邦的战略高度。除了持续加大财政投入，改善水利基础设施，提升硬件支撑能力之外，财政部、水利部还在全国实施了农业水价综合改革示范工程，完善农业水价制度安排，创新管护体制及运行机制，充分发挥价格对水资源的配置作用，从制度安排上提升水利设施的保障能力。

3.1 我国农业水价制度实施的演变历程

农业水价制度改革在我国经历了从无到有、从低标准到合理反映用水成本的发展过程，这些变化反映了国家对水资源利用理念和利用方式的转变，而且更加注重采用市场化手段，充分利用价格机制来优化配置稀缺的水资源。这些过程大致可以分为四个阶段。

3.1.1　第一个阶段（1949～1984年）：无偿用水阶段

新中国成立之初，我国农业生产力十分落后，粮食供给严重短缺，国家发展的首要任务就是解决5亿多人的吃饭问题。为了保障农业特别是粮食生产，我国基本上没有收取任何的灌溉费用。

3.1.2　第二个阶段（1985～2000年）：征收水费阶段

改革开放以后，家庭联产承包责任制的实施极大地释放了农业生产潜力，粮食产量快速攀升，基本解决了大部分人的温饱问题。此时，国家为了兼顾国有水资源管理单位的利益、保证水利工程的正常运行，在1985年颁布了《水利工程水费核订、计收和管理办法》，该办法提出水利工程不能无偿供水，且农业用水需要缴纳水费，这标志着农业生产无偿供水阶段的结束。为了进一步强化有偿供水行为，1988年颁布的《中华人民共和国水法》从法律上对水费征收给予了明文规定，这也意味着我国水资源的开发利用进入了有法可依的阶段（胡继连，崔海峰，2017）。

3.1.3　第三个阶段（2001～2012年）：实现由"水费"向"水价"的转变阶段

以征收农业水费的方式实现农业有偿供水存在两个明显的弊端：一个是无法激励用水户节水，另一个是收取的水费远低于供水成本。为了解决这两个问题，国家在2001年出台了《关于改革农业用水价格有关问题的意见》，该意见首次提出要进行农业水价改革，一年后颁布了《关于改革水价的指导意见》，提出通过采取累进水价制来约束农民的用水行为，2003年国家出台了《水利工程水价管理办法》，该办法明确了农业水价的核定方式，即农业供水价格必须涵盖水利工程供水成本与费用。至此，供水单位从水资源的提供者变为了水资源的经营者，水资源从行政计划主导下的福利品变为市场主导下的商品（田贵良，胡雨灿，2018）。

3.1.4 第四个阶段（2013年至今）：大力推进农业水价改革

国家虽然对农业水价有了明文规定，但水价的推进在2013年以前一直较为缓慢。其原因在于，2006年国家宣布全面取消农业税，按理说农业水费也应一并取消，但由于农业用水的特殊性，水费一直保留至今，因此农民对于缴纳水费一直存有抵触心理。但随着我国农业生产与资源环境承载能力之间的矛盾变得日益突出，包括农业水价改革在内的农村改革进入了全面深化阶段。2013年水利部、财政部在全国选择了55个县（市、区）开展农业水价综合改革试点。2014年，水利部又在原有55个县（市、区）的基础上增加了25个县（市、区），试点范围涵盖全国27个省（自治区、直辖市），试点面积达200万亩。这两年国家共投入10多亿元用于推进农业水价改革[①]，这也标志着我国开始大力推进农业水价改革。此后，国家在2016年出台了《关于推进农业水价综合改革的意见》，该意见就在全国范围内推进农业水价综合改革进行了总体部署。

3.2 我国农业水价改革的现状

在国家的统一部署和总体安排下，各地区快速响应、大力推进，目前已有30个省（自治区、直辖市）出台了实施方案，在实施方案中各地区确定了各自农业水价制度改革的发展思路、总体目标、水价形成机制、投入激励机制、考核监督机制、补贴机制、组织体系等内容，同时

---

① 数据是笔者根据两个试点县的投入测算得来的。

还明确了任务完成的时间表，大部分地区将农业水价改革完成的时间控制在 10 年左右，少数条件较好的地区将完成时间控制在 5 年以内。截至 2018 年，有六成以上的大中型灌区实现了支渠以上计量用水，400 多个县完成了农业水价的成本核算与监审，落实奖补资金 20 多亿元①。从典型区县试点情况看，各地均出台了一系列的制度、办法和举措，基本完成了水利部要求的改革内容。

3.2.1 完善了农业水价形成机制

各试点地区在改革的初期，均对农业供水的运行成本和全成本进行了测算，几乎所有试点县采用了粮食作物和经济作物用水价格不同的分类水价。粮食作物通过政府精准补贴均达到运行成本水价，经济作物在有些试点县达到全成本价，甚至达到微利水平，比如重庆市的荣昌区。各试点区域均建立了以超定额累进加价为主的阶梯水价制度。

3.2.2 构建了用水奖补机制

各试点地区均对农业用水实施了精准补贴、节水奖励等奖补机制，奖补实施的主要途径有先建后补、直接补贴、电费补贴等。其中，精准补贴对象一般都是农民用水户协会和基层水利站，资金主要由县级财政解决；节水奖励一般针对农民用水户协会、农户等主体，资金主要来源于水费收入等渠道。

3.2.3 组建了农民用水合作组织

各试点地区均在区域范围内推动建立了农民用水户协会等农民用水

---

① 资料来源于水利部《农业水价综合改革试点培训讲义》。

合作组织，建立了规章制度、落实了工作场所、完善了法人地位。用水合作组织的建设、管理、运行是试点工作的一个重要支撑，特别是在乡镇水利站人员少、工作职能不完善的地方，用水合作组织在农业水价综合改革中发挥了重要作用。

3.2.4 推进了工程产权制度改革

各试点地区在全面核查区域范围内农田水利工程设施的基础上开展了工程的产权制度改革。试点地区基本上都明晰了田间工程归农民用水户协会所有，由县和乡镇两级水利管理部门与用水户协会分别签订工程管护责任状，明确了主体和责任；工程移交后，用水户协会负责水费收取、工程管护等工作。

3.2.5 完善了工程设施

各试点地区工程规划建设内容，主要是支渠以下衬砌节水改造工程和量水工程，严格依照工程建设标准、确保工程建设的速度和质量，基本完成了试点地区各项工程建设任务，为推行计量水价提供了支撑。

3.2.6 实施了农业水权的分配

在农业水权的分配过程中，严格按照供水量的多少来合理分配水权，清晰界定农民用水户协会和农户的用水总量及用水定额。如重庆市璧山县针对灌溉用水量受气候条件影响较大，在水权分配时综合考虑了作物类型、灌溉面积、供水总量、天气、灌溉次数等诸多因素开展农业水权分配。

3.3　当前农业水价改革存在的主要问题

3.3.1　水价改革不到位，"以水养水"的价格机制还没有形成

一是工程水价改革还不到位。除了城镇供水原水价格基本达到保本微利之外，农业用水大部分没有覆盖工程维护大修成本。二是农业终端水价较低。从各试点地区的情况看，除极少数附加价值较高的经济作物用水价格基本覆盖了管理成本和工程设施维护成本之外，所有粮食作物、部分经济作物终端水价，都不能支撑日常管理运行成本。三是农村终端水价改革覆盖面狭窄。除试点地区实施了农业水价综合改革以外，农村大量点多面广的小微型水利设施管护责任主体缺位，还未纳入水价改革范围，目前尚处于无日常经费来源的状态。四是水费收取困难。从调研的情况看，农业终端用水主体基本没有缴纳工程水价，部分地区甚至停收了农业终端水费。

3.3.2　管护主体培育滞后，小型农田水利设施管护主体缺位

调查发现，目前农村小型农田水利设施的管护主体主要有两大类。第一类是适应农业产业化集约化经营需要、自发发展起来的管护主体，包括农民专业合作社、专业种养大户等。第二类是配合农村水利设施建设特别是人饮工程，在政府引导下发展起来的用水户协会。这类协会数量大，但登记注册的比例很小，大部分运行不规范，缺乏水利设施特别是农田小型水利设施建设管护主体的基本职能。

原村集体经济组织丧失农村小型农田水利设施投资管护主体职能。

改革开放以前，公社等集体对农村水利设施管理责任明确，建设维护主体地位明确，并有"两工"等投入作为支撑。家庭联产承包责任制的推行，让农民有了生产经营权，但同时削弱了农村集体经济组织的影响力，特别是集体经济组织的联产功能开始慢慢退化，"有承包无联产"的现象逐步显现。农村税费改革以后，村集体经济组织失去了原有的经费来源渠道，正常运行出现困难，再加上包产到户的承包经营某种程度上弱化了村集体的所有权，"两工"的取消导致村集体难以面对巨大的水利工程管护需求，"名存实亡"的村集体经济组织逐渐退出小型农田水利工程建设管理的主体地位，进而淡化了集体经济组织与水利工程的权属关系。此种情况下，农民对水的"公家"概念日渐模糊，既然水的权属不清晰，那么农民习惯于只用水、不愿意管水就成为顺理成章的事。因此，农村点多面广、为数众多的小型水利设施建设维护基本处于"农民不愿管、集体无力管、政府管不到"的"三不管"状态。看起来近在咫尺的"最后一公里"，距离却越来越远。

3.3.3 产权制度及经营制度改革还需进一步深化

（1）水利工程产权改革仍需深化。一是过去由农民投工投劳修建的小型水库没有给予当地农民应有的安置补偿，按建设时间"一刀切"完全收归国有的做法有失公平。二是农村大量末级渠系、河堰、山坪塘等水利设施仍没有确权，目前除各示范地区外，大部分地区还没有明确产权。从水权制度改革看，推进较快的主要发生在缺水地区，而南方丰水地区的水权制度改革较为滞后。

（2）经营制度改革还需要进一步深化。一是国有水资源管理单位除水电公司化、市场化之外，大量大中型水库特别是那些有旅游开发价值的水利工程公司化改革滞后，水利存量资产还有待进一步盘活，以吸引社会资本从事多元化经营。二是国有水利工程管理主体与农村末端水利设施管护主体之间内在的利益共享、风险共担的运行机制还未建立起来。三是专业化的水利设施维护市场缺位，目前仍然以水利站等国有事业单位充任维修、维护主体。

3.3.4　计量设施缺乏且计量方式单一

农业水价改革实施计量水价的前提是有完备的计量设施和适应不同地形地貌、作物类型等特征的计量手段，否则难以实现总量控制、定额管理的改革目的。从调研的情况看，大部分农田都没有配齐足量的计量设施设备，农民用水很难量化。究其原因，用水计量设施在试点项目区所占投资一般在40%左右，若全面铺开，量水到支渠、斗渠、毛渠，计量到户，按照目前中央和地方的投资规模很难支撑。因此，很多地区仍然实行的是单一水价制度，两部制水价、超额累进加价等制度因计量设施缺失而未能获得大面积推广。

3.4　本章小结

本章首先分析了农业水价改革的历史沿革，将农业水价改革划分为四个阶段，即无偿用水阶段、征收水费阶段、实现由"水费"向"水价"的转变阶段、大力推进农业水价改革阶段；接着阐述了我国农业水价改革的现状，就试点区县所取得的成效进行了总结，主要包括完善了农业水价形成机制、构建了用水奖补机制、组建了农民用水合作组织、推进了工程产权制度改革、完善了工程设施、实施了农业水权的分配等；最后指出我国农业水价改革仍存在着"以水养水"价格机制还没有完全形成、农田水利工程的管护主体缺位、产权制度及经营制度改革还需进一步深化、计量设施缺乏且计量方式单一等问题。

第4章

国内外农业水价改革经验借鉴

通过上章的分析可知，我国在推进农业水价制度改革的过程中仍然存在着"以水养水"的价格机制还没有形成、小型农田水利设施管护主体缺位、产权制度及经营制度改革还需进一步深化、计量设施缺乏且计量方式单一等问题，如何解决这些问题，需要借鉴和学习国际上其他国家的先进经验和国内典型地区的主要做法，这些经验和做法对进一步推进农业水价制度改革具有重要的参考价值。

4.1　国外典型国家在农业水价管理方面的经验

4.1.1　农业水价形成机制

由于各国社会经济发展水平和水资源禀赋不同，所以它们采用的水价制度不尽相同。具体来看，主要有以下几种类型。

4.1.1.1　用水户承受能力定价模式

该种模式主要基于农业用水户对水费的实际承受能力来定价。以印度为例，印度各邦政府负责制定与征收农业水费，收取的水费主要用于回收水利设施的部分投资成本、水利设施的维护和管理等，同时各邦政府考虑到农民对水费的承受能力，规定农业水费占农民净收入的比重最高不应超过 50%，通常控制在 12% 以下。除印度以外，印度尼西亚、泰国、菲律宾等发展中国家农业水价的确定基本上也是采用这一模式。

4.1.1.2　供水管理成本定价模式

所谓供水管理成本，主要是指维持供水工程的正常运行所需支付的日常管理费用，这种模式不考虑水资源的价值和后期的维修与改造费用。加拿大是采取这种模式的典型国家，该国制定的农业水价远低于供水成本，政府给予供水单位大量补贴，用于弥补供水工程的维修与改造费用、水资源费等支出。

4.1.1.3　"服务成本＋用户承受能力"的定价模式

这里的服务成本是农业水价的主要构成部分，主要是指水利工程的投资建设、日常管理、后期维护改造等全过程的总成本，但不能以盈利为目的；同时考虑到不同用水户的承受能力不同，进行差别定价。美国、日本主要是采取这一模式进行农业水价的定价。

4.1.1.4　全成本定价模式

澳大利亚、法国等发达国家主要采取这一模式，该模式不仅涵盖了从前期投资到后期维护的所有成本，而且包括水资源费、利息支出等。其中，澳大利亚主要采用"基本费用＋计量费用"两部制水价，其水价主要由供水公司的运行管理成本、投资回报、税收、财务费用等部分构成。法国的农业水价主要由供水公司的运行管理成本、投资成本、利息支出、设施维护改造费、水资源费等部分构成。

4.1.2　政府对农业用水的财政补贴

为了保护本国农业生产，各国都会对农业用水给予各种不同程度的财政补贴。

4.1.2.1 美国

美国对农业用水的财政补贴，主要包括信贷支持、利息减免、财税支持等间接手段。美国联邦法律规定，对农民开展水利工程建设给予贷款支持，并享有贷款利息减免的政策，农民还可以根据自身偿还能力或其他特殊情况等享有减少偿还债务的权利，此部分减免将由美国财政来承担，同时农民建设水利工程还可以减免部分税收。

4.1.2.2 日本

日本政府对农业用水的补贴主要体现在对水利工程设施的建设投资、低息贷款以及运行维护费用的财政补贴上。日本把农田水利设施建设视为公益事业，进而给予大量的资金支持，并且不用收回投资成本。同时日本政府还设立了农林渔业金融公库，为农业用水合作组织或用水户提供长期低息贷款。日本政府还对农业用水合作组织的运行管理以及水利设施维护给予一定的财政补贴。

4.1.2.3 澳大利亚

澳大利亚对农业用水的补贴主要体现在对大中型灌溉工程的建设投资以及对水利工程管理单位的运行管理和维护费用的补贴上。澳大利亚法律规定，大中型水利工程均由政府来投资兴建，不考虑收回投资成本，且政府负责组建专门的水利工程管理单位，并对于水利工程管理单位的日常运行管理和水利设施的维护改造给予补贴。同时澳大利亚政府还会给予农民自建的小微型水利工程一定的低息贷款支持。

4.1.2.4 以色列

以色列对农业用水的补贴主要集中于水利工程的建设、水利工程的运行管理以及贷款贴息上。以色列所有的供水工程均由国家资金投资解决，但供水工程的运行维护则需要农民自行解决。当水利工程管理单位运行经费不足时，可以向以色列政府申请补贴，政府通过预算调整给予其经费补贴。农民在自家农场上开展灌溉设施建设需要资金支持的，可以向政府申请补助或由政府提供担保向银行申请长期低息贷款。

4.1.2.5　印度

印度是农业大国，对农业用水非常重视，印度政府对农业用水的补贴主要体现为水利工程的建设投资、工程运营补助、贷款贴息补助等。印度政府对水利工程的建设投资，与水利工程的规模大小密切相关，水利工程的规模越大补贴越多，规模越小补贴越少。印度对水利工程的运营补贴主要集中于大中型水利工程，补贴力度较大，最高可达年运营费用的八成以上。对于农民自行抽水解决田间灌溉问题的，政府给予柴油、用电等补贴。此外，印度政府还鼓励银行以低于正常水平的利息向水利工程建设提供贷款。

4.1.2.6　法国

在农业供水成本全成本回收的制度下，法国水资源设施的运营和投资成本回收率较高，因此，法国对农业用水的补贴较之其他国家要少。法国对农业用水的补贴主要集中于水利工程建设和农户的直接补贴上。为了降低供水公司的投资建设成本，法国政府会对重点流域的水利工程建设给予大量补贴，比如法国罗纳－地中海地区，政府对供水企业的投资补贴高达 70%[①]。此外，法国政府还会借助家庭扶持基金（FSL）对家庭困难的用水户给予水费补贴。

4.2　国内典型地区开展农业水价改革的主要做法

在国家的大力推动下，我国各地根据自身水资源条件、灌溉方式，积极探索农民乐于接受的、易于操作的农业水价改革模式，已形成一批成功经验。

---

① 数据来源于中国水利学会网站（www.ches.org.cn）。

4.2.1 以农民用水户协会为载体深化小型农田水利设施产权制度改革

首先，加强协会建设，落实管护主体和责任。目前，各地的农业水价综合改革试点基本上都以村为单位成立以农民用水户协会为代表的农民用水合作组织，在推进农民用水户协会组织构架、运作模式、财务管理等方面规范化建设的同时，明确了用水户协会在水利工程设施的管理维护、水费收缴、协调用水管理以及水价制定、水量水质监督、农民用水权保护等方面的责任和权益，各项目区内基本实现了农民在水权、水价、用水量等方面的自主管理。

其次，深入推进小型农田水利设施产权制度改革。目前湖北、甘肃、山西、内蒙古、河北、山东、江苏、云南等省（区、市）内的示范区均展开了小型农田水利设施产权制度改革。其中，甘肃省张掖市、湖北省当阳市和山东省禹城市均以政府授权的方式将本区域内的小型农田水利设施的产权赋予农民用水户协会。云南会泽县将改造完成的输水管道、蓄水池、末级渠系等工程移交给用水户协会，再由协会明确塘长、沟长、管长、池长等。从各地运行情况看，明晰产权后，管护主体和管护责任进一步明确，不仅提高了农民参与小型水利设施维护、兴建的积极性，还有效保障了农业灌溉水利工程的良性运行。

4.2.2 以末级渠系建设为基础推进农业灌溉节约用水和智能化管理

一是围绕末级渠系建设推进节水改造。江苏省董浜镇为了推广高效节水灌溉技术，不断加大高科技的引用力度，于 2012 年引进了变频恒压供水系统，并构建了江苏省第一家智能化灌溉服务中心，有效提高了灌溉保证率和生产效率。山东省禹城市根据不同灌溉形式，对靠近引黄干渠的自流灌区末级渠系进行了 U 型渠节水改造；对提水灌区采取了机井＋管道提取地下水、泵站＋管道提取地表水两种形式，有效促进了农业灌溉用水的高效利用。

二是围绕计量供水开展配套计量设施建设。目前，大部分典型地区在末级渠系建设过程中都配置了管护及计量设施。从实际实施情况看，一种是采取以人为主的传统供水管理手段。江苏省董浜镇通过在田间地头的取水处配置水表、阀门、锁具、接口等计量设施来实施计量水价的征收管理。云南省会泽县在项目区铺设到田头的输水管道上安装了水表等计量设施，由用水户协会向农户实行计量供水，实现供水到田间、计量到地头。另一种是采用现代信息技术手段，推进供水管理的智能化。山东省禹城市和河北省张北县均实施灌溉自动化系统工程建设，该系统通过水资源信息管理中心平台自动记录每家每户的取水量，并对灌溉设施的运行实施远程监控等，这对于开展农业用水总量控制、定额管理发挥了重要作用。内蒙古赤峰市在山湾子灌区配置了水源工程自动信息化系统及智能化管理的测水量水设施，通过自动化信息平台，精确管理各水源工程的引、提水量信息；新疆哈密市为强化对地下水机井的管理，建立了以计算机、通信、智能、自控等技术为基础的信息化平台，通过"电磁流量计＋IC 卡＋远程遥测"的办法，实现对示范区的机电井进行远程、实时监控，当机电井已达到预先设定的用水总量，系统就自行关闭。

4.2.3　探索建立农业水价制度体系

4.2.3.1　制定科学合理的农业终端水价

从农业终端水价的形成机制看，各地主要采取的定价方式以"服务成本＋用水户承受能力"为主。这里的服务成本是除工程建设成本之外，在供水过程中产生的电费、渠系维护费、用水户协会办公经费等。各地在农业终端水价的制定中考虑了农户对水费的承受能力，因此普遍采取低于实际供水成本的价格或分段调整到位的方式，一方面可以促进农户有偿用水意识的培养，另一方面又切实做到减轻农户水费支出。

从农业终端水价制定方式看，各地主要有以下几种方式。一是政府定价到户方式。内蒙古赤峰、云南会泽等地采用物价部门核定的价格作为农业用水收费标准。二是政府最高限价的方式。山西省规定农业终端水价的上限为水利工程水价的 20%[①]。三是实行用水户协会民主定价的方式。新疆哈密、江苏常熟等地用水户协会通过"一事一议"或协会内部协商的方式来确定农业用水收费标准。

4.2.3.2 农业水价分担机制呈现多样性

建立合理农业水价分担机制对于减轻农业用水户的水费负担、保障水资源管理单位基本收入和农田水利工程健康运行具有重要作用。当前，各地在农业水价分担机制上主要有以下几种模式。

（1）财政全额负担模式。无论是水利工程水价，还是末级渠系水价，均由政府财政来全部负担。浙江的水库灌区、广东的东莞和佛山等财政状况比较好的地区免征农业用水户的农业水费，以政府财政转移支付的形式直接补贴给水资源管理单位；江苏省南通市则通过在土地出让金中直接提取"水利基金"的方式来补贴农业用水产生的费用。

（2）农业用水户和政府共同分担模式。一是政府承担水利工程水价，农民承担末级渠系水价。云南省会泽县实行水务一体化管理后，免除了国有水利工程农业供水水费，农业灌溉工程运行管理由水务局通过收取的非农业水费统筹考虑，末级渠系的维护及用水户协会的正常运行需要向用水户收取一定的水费。湖南长沙县桐仁桥水库灌区干渠及主要支渠由水库管理所负责管护，管理所纳入水管体制改革落实"两费"，支渠及以下的供水费用由用水户承担。二是政府负担部分国有工程水价。山东省禹城市财政给予的补贴占国有水利工程运行成本的 4%[②]。山西省大中型泵站灌溉电费不足部分由省级财政补助给电力企业，对核

---

① 数据来源于《山西省人民政府办公厅关于推进农业水价综合改革的实施意见》。
② 数据来源于山东省水利厅网站（wr. shandong. gov. cn）。

定水价超过 0.25 元/立方米的部分由省级财政水利专项资金补贴。三是由政府补贴农业用水户协会。例如，江苏董浜镇财政在每年的政府预算内安排 20 万元作为财政补助经费①，用于支付用水户协会人员工资、监控中心相关水电费等；如果设备需要大修或进行技术改造，由镇政府另行划拨专项资金。

（3）农业用水户内部分担的模式。此种模式主要是根据供水类型和农业作物类型的不同，制定不同的供水价格，以此来平衡农业供水成本，保证工程设施的良性运行。山东省禹城市采用了"灌区互补"的方式，分别制定了泵站灌区、自流灌区、井灌区农业用水价格；云南会泽县采用"以经补粮"的模式，分别对经济作物和粮食作物制定了不同的用水价格。

4.2.4　构建农业水价的差别化调节机制

实践证明，引入市场机制，构建农业水价的差别化调节机制能有效提升水资源配置效率。湖南、河北等地采取了"节奖超罚"的水价模式。河北衡水的"一提一补"模式，以区域平均用水量为基数，根据农户实际节约的用水量，用提价获得的收益部分对农业用水户进行补贴。内蒙古等地根据丰枯季节的不同制定不同的用水额度和不同的农业水价。

4.3　国内外经验对我国进一步推进农业水价改革的启示

通过对国内外在农业水价方面的经验介绍，我们可以得到以下几个方面的启示。

---

① 数据来源于江苏省水利厅网站（jssslt.jiangsu.gov.cn）。

4.3.1 开展农业水价改革应充分考虑农民的承受能力

农业的弱质性决定农业的比较效益较低，对于依靠农业经营为生的农民而言，低效益意味着低收入，在全面取消农业税的大背景下，较高的农业水费会给农民的生计造成较大的压力。与此同时，由于水稻等粮食作物耗水量较大，较高的水费会迫使农民少种粮食作物，转向其他作物的种植，这对于保障我国的粮食安全也会造成较大的影响。从国内外的典型经验看，充分考虑农民对水费的承受能力都是当前较为常见的做法。

4.3.2 建立以政府补贴为主的农业水价分担机制

由于农业用水的公共资源属性，需要强化政府对农业用水的财政补贴，建立合理的价格补偿机制。同时，结合我国工业反哺农业、城市支持乡村的大形势，构建"以工补农、以城带乡、以经补粮、灌区互补"等农业水价分担机制，有利于减轻农业用水户的水费负担，保证农田水利工程的良性运行，做到经济效益和社会效益二者兼顾。

4.3.3 强化农业用水管理

一是推行工程水价加末级渠系水价的终端水价制度。二是规范水费征收与管理，实施计量收费制度，逐步取消按亩收费的方式，实施水价、水量、水费三公开制度，阻断搭车收费等违规行为的源头，在保证水费足额征收的基础上减轻农民负担。三是加强农民用水户协会的规范化建设，明确农业用水户协会在农业用水管理和水价改革中的权力、责任与利益，加大农民用水的自治力度，提升农民用水户协会的法律地位。

4.3.4 大力推进末级渠系及配套计量设施的建设与改造

末级渠系是增强农业抗灾能力，提高综合生产能力，缓解农业用水短缺和浪费二者矛盾的基础。加强末级渠系农田水利设施建设和改造，对于解决农业灌溉用水"最后一公里"问题意义重大。从国内外的典型做法中可以发现，开展末级渠系建设改造，对于更好地推进农业水价改革以及节水技术的应用具有重要作用。此外，完善末级渠系计量和监控设备等配套设施建设，在供水到户的基础上保证计量到户，实现农业供水的计量化和智能化管理。

4.3.5 大力开展小型农田水利设施产权制度改革

从国内外各地区的典型经验看，农田水利设施的产权明晰是开展农业水价改革的基本前提。一般而言，产权不清晰是农田水利设施管护不善、失修老化等问题产生的主要原因。开展小型农田水利设施产权制度改革，对于厘清政府与用水户的权责关系、吸引社会投资、开展末级渠系的管理维护等具有重要作用。可以结合农业用水户协会建设开展小型农田水利工程确权改革工作。

4.4 本章小结

本章首先分析了国外在农业水价制度建设及管理方面的先进经验，在农业水价形成机制方面主要有用水户承受能力定价模式、供水管理成本定价模式、"服务成本＋用户承受能力"的定价模式、全成本定价模式，紧接着介绍了美国、日本、澳大利亚、以色列、印度、法国政府对农业用水的财政补贴政策；其次剖析了国内开展农业水价改革的典型做法，主要包括以农民用水户协会为载体深化小型农田水利设施产权制度改革、以末级渠系建设为基础推进农业灌溉节约用水和智能化管理、探索建立农业水价制度体系、构建农业水价的差别化调节机制等；最后得出了进一步推进我国农业水价改革的几点启示，即农业水价的制定要充分考虑农民的承受能力、强化政府对农业用水的财政补贴和政策扶持、探索建立农业水价合理分担机制、加强农业用水管理、推进末级渠系及配套计量设施的建设与改造、大力开展小型农田水利设施产权改革。

第 5 章

农业水价改革的节水效应分析

由 2014 年国家发改委印发的《关于印发深化农业水价综合改革试点方案的通知》可知，为了促进农业节水和农业可持续发展，改变粗放的农业用水方式，水利部从 2013 年开始在全国进行大范围试点，2014 年水利部进一步扩大试点范围，从 55 个试点县增加到 80 个试点县，同时资金支持力度增加了一倍，平均每个县从 500 万元增加到 1000 万元；2013 年和 2014 年国家共投入 10 多亿元用于推进农业水价改革①。那么，试点县的农业节水效应究竟如何，是否达到了应有的节水效果，成为当前研究的重要问题。已有文献对农业水价的节水效应展开了细致的分析和评价（廖永松等，2009；王建平，2012；曹金萍，2014；刘莹等，2015；刘静等，2018）。但是总的来看，依然存在几个值得深入探讨的地方：第一，已有文献多集中于研究基于农户层面的节水效应，对于区域中某一个产业的节水效应研究得不多；第二，现有文献关于农业水价改革是否推动农业节水的实证研究往往只是简单地审查某一样本在改革前后的绩效变化来论证农业水价改革对农业节水的净效应，但农业节水的净效应未必只是单一地来源于农业水价改革，其他政策的实施也会导

---

① 数据是笔者根据两个试点县的投入测算得来的。

致农业节水效应的变化。第三，不同资源环境条件、不同地形地貌、不同经济发展水平地区的农业水价改革效果会存在差异，再加上样本选取和方法选择上的局限性，使得现有研究对农业水价改革的效果评价仍有争论。

基于此，本研究收集了 2012～2016 年全国 52 个试点县和非试点县的面板数据，采用多期双重差分方法（difference in differences，DID）对农业水价改革促进农业节水的作用展开研究。本章的边际贡献在于：第一，首次采用县域数据对农业水价改革的节水效应进行了验证。第二，利用多期双重差分法，克服了一些以往研究中存在的估计偏差，识别出农业水价改革促进农业节水的净效应，并对结果进行了多重稳健性检验。第三，粮食作物生产是农业节水的最大潜力所在，实证研究了农业水价改革对试点地区水稻、小麦、玉米三种粮食作物节水的因果效应。

5.1 农业水价改革促进农业节水的基本逻辑

农业用水，不仅涵盖了农业生产过程中的农田灌溉用水，也涵盖了林业、畜牧业、渔业用水。《2018 年中国水资源公报》显示，农业是用水大户，全国 60% 以上的淡水资源用于农业生产。从历史趋势来看，农业用水不管是绝对量，还是相对量都呈现出下降的态势。2000～2018 年我国农业用水量从 3783.50 亿立方米降至 3693.10 亿立方米，减少了 90.4 亿立方米；农业用水量占用水总量的比例，从 68.82% 降至 61.39%，减少了 7.43 个百分点①，如图 5.1 所示。

但是，农业用水量的减少，究竟是农业内部的节水激励机制发挥了作用，比如农业水价制度的改革，还是农业外部的城镇化、工业化的快速推进导致的呢？

---

① 数据来源于 2000～2018 年的《中国水资源公报》。

图 5.1　2000～2018 年我国农业用水量及占比情况

资料来源：2000～2018 年的《中国水资源公报》。

　　从农业外部看，城镇化和工业化自 21 世纪以来步入快速发展的阶段，城镇化率从 2000 年的 36.22% 增加到 2018 年的 59.58%，增加了 23.36 个百分点，工业增加值从 2000 年的 40259.7 万元增加到 2018 年的 305160.2 万元，增加了 6.5 倍；与此同时，生活用水量从 2000 年的 574.9 亿立方米增加到 2018 年的 859.9 亿立方米，增加了 285 亿立方米，增长了 49.57%，工业用水量从 2000 年的 1139.1 亿立方米增加到 2018 年的 1261.6 亿立方米，增加了 122.5 亿立方米，增长了 10.75%，如图 5.2 所示。

　　从上述分析不难看出，在城镇化的过程中，农村劳动力进入城镇生活，其用水量会发生较大幅度的提升。《2018 年中国水资源公报》数据显示，2018 年城镇人均每日生活用水量（含公共用水）225 升，农村居民每日人均生活用水量 89 升，城镇居民的日均用水量是农村居民的 2.53 倍。在工业化过程中，虽然万元工业增加值（当年价）用水量从 2000 年的 288 立方米减少至 2018 年的 41.3 立方米，减少了 85.66%，但工业增加值的增幅更大，导致了工业用水量出现了不减反增的状况。

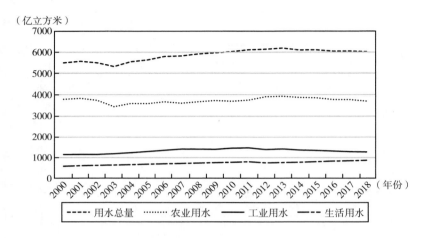

图 5.2　2000～2018 年我国用水总量及其构成情况

资料来源：2000～2018 年的《中国水资源公报》。

　　但是，城镇化和工业化的快速推进所引致的用水量增加并不能完全解释农业用水量的减少，因为全国用水总量在这一时期也出现了较大幅度的增加。由于水资源开发利用技术的进步特别是海水直接利用技术的推广应用，全国用水总量从 2000 年的 5498 亿立方米增加至 2018 年的 6015.5 亿立方米[①]，增加了 517.5 亿立方米。因此，城镇化、工业化发展所增加的用水量，可能是由于用水总量的增加所导致的，并不一定是农业用水量的减少所产生的。所以我们还需从农业内部的用水情况来分析农业用水量的变化。

　　一般来说，90% 以上的农业用水集中于农田灌溉。农田灌溉用水量是农田灌溉面积与亩均灌溉用水量的乘积。由于我国农田灌溉面积一直处于增长态势，从 2000 年的 53820.3 千公顷增加到 2018 年的 68271.6 千公顷，增加了 14451.3 千公顷，增幅为 26.85%（见图 5.3）。因此，农田灌溉用水量的减少主要来源于亩均灌溉用水量的下降。

---

①　数据来源于 2000～2018 年的《中国水资源公报》。

（千公顷）

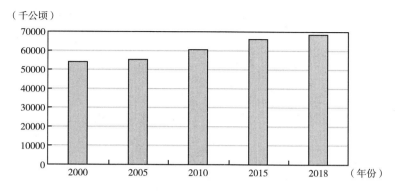

图 5.3　2000～2018 年我国农田灌溉面积变化趋势

资料来源：《中国统计年鉴（2019 年）》。

从图 5.4 不难看出，进入 21 世纪以来，我国农田灌溉亩均用水的数量呈现出不断下降的趋势。我国农田灌溉亩均用水量从 2000 年的 479 立方米下降到 2018 年的 365 立方米，减少了 114 立方米，减幅达 23.80%。这个指标的下降可以解释我国农业用水量的减少现象，但它是一个充分条件。现在，我们想弄清楚的是，什么因素决定着农田灌溉亩均用水量呢？

（立方米）

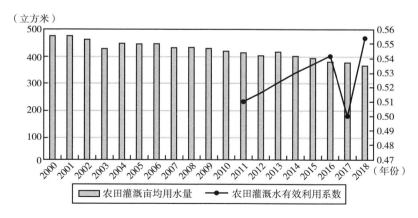

图 5.4　2000～2018 年我国农田灌溉亩均用水量及农田灌溉水有效利用系数

资料来源：2000～2018 年的《中国水资源公报》。

农田亩均灌溉用水量，可以分为绝对量的变化和相对量的变化。所谓绝对量的变化，是指在技术不变的前提下，因为改变作物的种植结构（如多种植节水型农作物）等原因造成单位面积的用水量出现绝对量上的变化。所谓相对量的变化，是指由于种植技术、节水技术等的变化，导致作物在单位面积上的用水量出现相对量上的变化。

首先，我们来看主要农作物的种植结构变化情况。1995~2018 年，稻谷的播种面积所占比例从 20.51% 下降到 18.20%，下降了 2.31 个百分点，小麦的播种面积所占比例从 19.26% 下降到 14.63%，下降了 4.63 个百分点，玉米的播种面积所占比例从 15.20% 上升到 25.39%，上升了 10.19 个百分点，如表 5.1 所示。从这三种主要农作物的耗水量来看，水稻的耗水量最高，其次是小麦，耗水量最小的是玉米（肖俊夫等，2008）。事实上，通过调整主要农作物的种植结构，种植单位面积耗水量更少的玉米等作物，可以有效减少我国农田灌溉的亩均用水量。

表 5.1　　　　　　1995~2018 年我国主要农作物种植结构　　　　单位：%

年份	稻谷	小麦	玉米	大豆	油料作物	合计
1995	20.51	19.26	15.20	5.42	8.74	69.13
2000	19.17	17.05	14.75	5.95	9.85	66.77
2005	18.55	14.66	16.95	6.17	9.21	65.54
2010	19.13	15.54	22.23	5.53	8.70	71.13
2015	18.45	14.74	26.95	4.09	7.98	72.21
2018	18.20	14.63	25.39	5.07	7.76	71.05

资料来源：历年的《中国统计年鉴》。

其次，采用农田灌溉水有效利用效率来反映我国农田灌溉亩均相对用水量的变化。限于数据的可得性，农田灌溉水有效利用系数从 2011 年的 0.51 增加到 2018 年的 0.55，增加了 0.04[①]。这说明由于采用更为先进的灌溉技术等原因提高了农业生产的用水效率，造成了亩均

① 数据来源于 2011~2018 年的《中国水资源公报》。

用水量的下降。

既然农业种植结构的调整（如"水改旱"）和农田灌溉水有效利用率的提升，可以解释我国农业用水量的减少，那么农业种植结构的调整和农田灌溉水有效利用率的提升又由什么因素所决定呢？决定农业种植结构的因素有很多，比如国家政策、需求结构、生产成本等的变化（姜文来，2016），农田灌溉水有效利用率提升反映的是灌溉技术的进步、节水意识的提高等（刘静，2018）。事实上，用水分配中的成本提高是农作物"水改旱"和灌溉水有效利用率提升的重要原因（韩洪云，赵连阁，2004；贺雪峰，2010）。

这个不难解释，因为用水成本的提高，农户在生产的过程中会调整种植结构，种植相对节水的玉米作物来代替高耗水的水稻和小麦作物，同时用水成本提高，刺激了农户的节水意识，并采用更加节水的灌溉技术。而农业水价改革的推进，是造成用水成本提高的重要原因。

综合来看，农业水价改革促进农业节水的基本逻辑链条是：用水水价改革—农业用水成本提高—调整种植结构及采用更为先进的节水灌溉技术—农田灌溉亩均用水量减少—农业用水总量减少。

5.2　研究方法

由于农业水价改革试点在全国的各个区县中呈现出不同的特点，为我们研究农业水价制度设计对地区农作物生产的节水效应提供了一个"准自然实验"。为了检验设立农业水价改革实施对地区农业节水的作用，可以采用一种较为简单的单重差分法，通过比较地区农业节水在农业水价改革实施之前和农业水价改革实施之后的差异，以此来判断该项政策对农业节水的作用。但这种单重差分法得出的结论可能是不准确的。在农业水价改革实施前后，还有很多其他因素会影响地区农业节水，此外，同一时期出台的其他政策也可能使得那些未实施农业水价改革试点的地区获得节水效应，如果不考虑这些因素的影响，而简单地套用单差法进行估算，就会产生偏误。因此，农业水价改革的作用需要在更为科学的双重差分方法下进行评价。

一般而言，在政策评估的过程中，需要同时考虑三个因素对结果的影响：首先，该项政策的刺激作用；其次，与该项政策同时期发生的其他政策影响；第三，没有任何经济政策下，该地区自然发生的作用。所以，节水效应的发生，既有可能是多项支持政策共同作用的结果，也有可能是自然发生的作用。为了得出某项政策的净效应，常采用双重差分法（DID）对其他因素加以剥离。双重差分法的本质是固定效应估计方法。双重差分法的核心在于假设没有受到处理的那个地区的潜在结果可以写成两个部分相加的形式。具体而言，假设：

$$E(Y_{0st}/s, t) = \gamma_s + \lambda_t$$

其中，γ_s表示不随时间变化的地区效应，λ_t表示对两个地区都相同的年份效应。这里，地区效应表示的是不可观察的地区个体特征，也就是接受处理的那个地区和作为控制的那个地区本身就有不同，这种不同表现在相应地区的固定效应中，这个固定效应发挥的作用和不可观察的个体特征是一样的。

在检验农业水价政策对地区农业节水的影响时，可以使用 DID 方法来得到因果关系。但是，我国实施农业水价改革试点的时间有 2013 年和 2014 年两个时间节点，而标准的 DID 方法要求政策发生在同一个时间点。此时可以采用多期 DID 方法，将所有还没有实施农业水价改革试点的地区作为控制组，把已经实施农业水价改革试点的地区作为处理组，即使所有地区都实施了农业水价改革，我们也可以把还没有实施农业水价改革试点之时的地区作为控制组。简单点讲，就是每个实施农业水价改革试点的地区的 DID 交互项在数据中显示的不一样，因为 DID 交互项是两个虚拟变量的乘积：treated（是不是实施农业水价改革）和time（实施农业水价改革的时间）。这个 DID 的交互项等于 1 的情况是，这个地区在具体某年实施农业水价改革试点，对于农业水价改革试点之前的年份，该地区的交互项为 0。这标志着多期 DID 方法让每个地区都拥有自己的政策实施年份。对于那些到目前为止都没有实施农业水价改革试点的地区，它的 DID 就是等于 0，因为它的 treated 始终为 0，属于控制组样本。我们可以构造以下三个计量模型来检验农业水价改革对地区农业节水的净效应：

$$\ln Y_{it} = \beta_0 + \beta_1 T_{it} P_{it} + \varepsilon_{it} \qquad (5-1)$$

$$\ln Y_{it} = \beta_0 + \beta_1 T_{it} P_{it} + \alpha X_{it} + \varepsilon_{it} \qquad (5-2)$$

$$\ln Y_{it} = \beta_0 + \beta_1 T_{it} P_{it} + \alpha X_{it} + \gamma_t + \mu_i + \varepsilon_{it} \qquad (5-3)$$

其中，$\ln Y_{it}$ 为 i 地区在 t 年主要粮食作物耗水量的对数形式，β_0 是常数项，β_1、β_2、α 是待估参数，T_{it} 是时间虚拟变量，$T = 0$ 表示政策实施前和实施当年，$T = 1$ 表示政策实施后；P_{it} 是政策虚拟变量，$P = 1$ 是处理组，$P = 0$ 是控制组；$T_{it} P_{it}$ 是二者的交互项，是本研究的关键变量。系数估计值 β_1 代表了农业水价政策对地区农业节水的净效应，如果农业水价改革政策确实推动了地区农业耗水量的减少，则 β_1 的系数应显著为负数。γ_t 代表时间固定效应，μ_i 代表各区县的个体固定效应。X_{it} 为其他控制变量，包括政府支出规模、降水量、气温、城镇化水平、第二产业发展水平。

上述模型中的交乘项 $T_{it} P_{it}$，与表示个体 i 在第 t 期接受处理的虚拟变量 WP_{it} 等价。因此，多期 DID 模型也可以做出如下设定：

$$\ln Y_{it} = \beta_0 + \beta_1 WP_{it} + \varepsilon_{it} \qquad (5-4)$$

$$\ln Y_{it} = \beta_0 + \beta_1 WP_{it} + \alpha X_{it} + \varepsilon_{it} \qquad (5-5)$$

$$\ln Y_{it} = \beta_0 + \beta_1 WP_{it} + \alpha X_{it} + \gamma_t + \mu_i + \varepsilon_{it} \qquad (5-6)$$

其中，WP_{it} 表示因个体而异的处理期虚拟变量，若个体 i 在第 t 期接受处理，代表进入处理期，则此后时期均取值为 1；否则，取值为 0。

5.3 变量选择与数据说明

本书研究的重点是农业水价改革实施对农业节水的效应。考虑到其他因素对地区农业节水效应的影响，本研究还引入了其他控制变量，详细的变量设置见表 5.2，各变量的描述性统计特征见表 5.3。

表 5.2 主要变量及其计算方式

变量名称	变量含义	计算方法
ln*RICE*	水稻耗水量	水稻实际耗水量取对数
ln*WHEAT*	小麦耗水量	小麦实际耗水量取对数
ln*CORN*	玉米耗水量	玉米实际耗水量取对数
wp	农业水价改革	虚拟变量（0，1）
gov	政府支出规模	地方政府预算内支出/地区生产总值×100%
rain	地区降雨	地区平均降水量
temp	地区气温	地区平均气温
urban	城镇化水平	地区非农业人口数/地区总人口×100%
second	第二产业发展水平	地区第二产业产值/地区生产总值×100%

表 5.3 主要变量描述性统计特征

变量名称	最大值	最小值	均值	标准差
ln*RICE*	18.360	0.000	14.707	4.560
ln*WHEAT*	17.790	0.000	13.725	5.100
ln*CORN*	18.180	0.000	10.048	8.115
wp	1.000	0.000	0.223	0.417
gov	80.800	5.840	19.829	10.572
rain	151.460	6.770	64.762	31.022
temp	21.930	4.000	14.450	3.448
urban	74.420	11.640	36.394	12.011
second	5.830	1.120	4.268	0.928

（1）被解释变量。为了度量某一区域作物耗水量，借鉴殷志强等（2009）对我国主要农作物耗水量的估算方法，对选定的处理组和控制组地区的主要粮食作物耗水量进行计算。具体的计算方法如下：

用 M 表示作物干物质总量（千克），T 表示作物总产量（千克），G 表示作物籽粒重量在干物质总量中的相对比重（%），W 表示作物生成每千克干物质的耗水量（立方米）。

于是作物实际耗水量 H（立方米）为：

$$H = MW = (T/G)W$$

在实际的数据计算过程中，我们收集了处理组和控制组区县 2012 ~ 2016 年的水稻、小麦、玉米作物总产量，并根据表 5.4 计算了该地区三种粮食作物的耗水量。

表 5.4　　　　　　　　　　　　作物基本生理参数

参数类型	最大单产 S （千克/公顷）	籽粒部分所占 干重比 G（%）	每千克干物质 耗水量 W（立方米）
水稻	11796	0.45	508
小麦	6100	0.35	474
玉米	11523	0.37	323

（2）核心解释变量。农业水价改革虚拟变量（wp）。由于本研究的数据时段为 2012 ~ 2016 年，因此，我们根据水利部网站公布的 2013 年和 2014 年水利部批准建设的农业水价综合改革试点地区名单，对各县（市、区）进行赋值。在实际处理中，将农业水价改革当年和之前赋值为 0，将农业水价改革试点之后赋值为 1。

（3）控制变量。为了控制其他因素对因变量的影响，我们选取了相关的控制变量。地方政府支出比重（gov）：即地方政府预算内支出除以地区生产总值，度量地方政府支出规模对农作物耗水量的影响，在推进农业水价改革的过程中，中央资金往往需要地方政府予以配套，因此，利用县级政府预算内支出除以地区生产总值来衡量政府支持能力。降水量（$rain$）：一般来说，降水量越多，单位面积农作物生长所需的用水量就越少（曹金萍，2014；李静、马潇璨，2015）。气温（$temp$）：对于农作物的生长而言，当年平均气温越高，单位面积作物灌溉用水量越多

（张永勤等，2001）。城镇化和工业化的快速推进对我国水资源的利用产生了较大影响（王金霞等，2011），由于水资源的总量有限，城镇和工业用水量多，则农业用水量就少，通常采用城镇化率（*urban*）和地区第二产业发展水平（*second*）两个指标来测度城镇化和工业化对农业用水的影响。

本研究所用数据样本为中国 52 个县（市、区）2012～2016 年的面板数据，选取了水稻、小麦、玉米三种主要粮食作物作为研究对象，之所以选择粮食作物，是因为粮食生产基本遍布各个水价改革试点地区，而且事关国家粮食安全，粮食作物（特别是水稻）是耗水量大的代表性作物。之所以将样本区间确定为 2012～2016 年，主要原因在于，受各地级市统计年鉴中区县数据的限制，2012 年以前的很多重要指标严重缺失，造成数据难以连续，考虑到数据的可得性问题，从而选择了从 2012 年开始的数据。所有原始数据均来源于中国各地级市统计年鉴（2013～2017 年）、中国县域统计年鉴（2013～2017 年）、各省（自治区、直辖市）统计年鉴（2013～2017 年）、各省（自治区、直辖市）水资源公报（2013～2017 年）、中国天气网（http：//lishi. tianqi. com/）。

5.4　估算结果及分析

表5.5 中，分别估算了农业水价改革对地区水稻、小麦、玉米三种主要粮食作物生产的节水效应。方程（5-1）和方程（5-2）分别表示在同时控制时间效应和地区效应的前提下没有加入控制变量和加入控制变量的情况。从表中不难发现，*wp* 变量前的系数 β_1 显著为负数，表明无论是否包含控制变量，水稻、小麦、玉米三种作物的耗水量，在实施农业水价改革试点后，都出现了下降的趋势。这表明农业水价改革对推动农业生产节水起到了明显的促进作用。

表5.5　　　农业水价改革对地区主要粮食作物节水的作用

解释变量	被解释变量					
	水稻		小麦		玉米	
	ln*RICE*	ln*RICE*	ln*WHEAT*	ln*WHEAT*	ln*CORN*	ln*CORN*
	（1）	（2）	（1）	（2）	（1）	（2）
wp	−0.178***	−0.198*	−0.163***	−0.122**	−0.077***	−0.043**
	（−2.960）	（−1.692）	（−3.470）	（−2.302）	（−3.682）	（−2.403）
gov		0.035		−0.023		0.003
		（0.710）		（−0.661）		（0.444）
rain		−0.003**		−0.002**		−0.001*
		（−1.993）		（−2.163）		（−1.817）
temp		0.030**		0.026*		0.006*
		（2.425）		（1.757）		（1.871）
urban		0.010		−0.013		−0.002
		（0.740）		（−0.945）		（−0.465）
second		−0.182*		−0.348**		−0.313*
		（−1.698）		（−2.524）		（−1.723）
时间效应	控制	控制	控制	控制	控制	控制
地区效应	控制	控制	控制	控制	控制	控制
_cons	10.065***	10.423***	14.671***	14.322***	13.708***	12.494
	（310.090）	（6.930）	（591.540）	（5.502）	（544.243）	（15.474）
N	260	260	260	260	260	260
R^2	0.738	0.879	0.711	0.845	0.714	0.856

注：括号中为 t 值；*、**、*** 分别表示显著性水平为10%、5%、1%；所有回归均采用了以地区为聚类变量的聚类稳健性标准误。表中的（1）和（2）分别表示方程（5−1）和方程（5−2）。

　　从其他变量来看，不管是水稻、小麦，还是玉米，政府支出规模对农业节水的作用均不显著，其主要原因在于，此次农业水价改革是由水利部直接投资并大力推动的，而配套资金主要来自省级或市级水利部门，区县的财政支出相对较少，因此，区县财政支出对主要粮食作物耗水量的影响并不明显。降水量、气温对三类粮食作物的耗水量有显著的影响，降水量变量的符号显著为负，表明降水量越大，农作物的耗水量越小，气温变量的符号显著为正，则意味着气温越高，农作物的耗水量越大，这也进一步证实了我们前面的初步判断。城镇化率对三类粮食作物的耗水量的影响并不显著，这个似乎与我们前面的判断不符，究其原因，样本中推进农业水价改革的地区多属于农业大县，这类地区农村劳动力资源相对较为丰富，一方面大量农村人口外出务工，另一方面并未进入当地的县城务工，在我们的调研中发现很多县的城镇化率出现了下降的趋势，这意味着县一级的城镇化不仅没有加快发展，反而出现了萎缩，这自然不会对农业用水产生相应的"挤占"问题。但工业化发展却对农业用水产生了显著影响，这可能是因为县一级的领导班子把发展经济特别是发展工业当作首要任务，当然这也是区县主要领导的重要考核评价指标（周黎安，2010），因此区县在加快推进工业发展和招商引资时，工业产值不断提升，而工业耗水量也会进一步增加，在区域总的用水量基本保持不变的前提下，必然要挤占农业用水，特别是耗水量大的粮食作物的生产用水，所以工业发展得越快，就越有可能导致农业领域的用水量减少，这可以从工业增加值变量前面的系数显著为负得到印证。

5.5 稳健性检验

利用双重差分方法来评估农业水价改革对地区农业生产的净节水效应，要注意两个问题：一个是没有任何经济政策时，该地区自然产生的节水效应；另一个是与该政策同时发生的，其他政策对农业节水的影响。对于第一个问题的解决，涉及我们在采用双重差分法进行评估时要进行的平行（共同）趋势检验，即如果没有农业水价改革试点的外部冲击，处理组与控制组之间的（政策发生之前）发展趋势应该是保持一致的。水利部在选择试点地区时，可能会综合考虑试点区县的各种情况，为了获得更好的试点效果，那些农田水利基础设施较好、市场经济制度更为完善、农业生产条件较好、其他配套更有保障的区县更有可能会获得国家的支持。所以，获得农业水价改革政策支持的区县（处理组）和没有获得农业水价改革政策支持的区县（控制组）自身的发展趋势可能是不一样的。因此，我们需要对它们之间存在的系统性的趋势差异进行检验。

通过我们的调研发现，一个区县的经济发展水平越高，用于支持农田水利基础设施建设的资金相应就会越多，市场经济制度也更加健全，同时农民的市场化意识也更强，其他各项配套条件相对来说更加完善，从而有利于推进农业用水价格的市场化改革，最终更容易获得国家的农业水价改革试点的政策支持。所以，从各县的地区生产总值水平差异来检验平行趋势假设，是一个较为合适的切入点。为此，我们从样本中挑选出了地区生产总值均值大于 300 亿元的区县（$highgdp$），以及介于 200 亿~300 亿元的区县（$middlegdp$），如果这些区县自身的发展显著影响被解释变量，则说明不同经济发展水平的地区确实存在系统性的趋势差异，不然则说明区县自身的发展趋势并不会因经济发展水平的差异而有所不同。这里，我们分别设定两个虚拟变量 $highgdp$ 和 $middlegdp$，对于 $highgdp$ 变量，如果某个区县的地区生产总值均值大于 300 亿元，则设为 1，否则为 0；对于 $middlegdp$ 变量，如果某个区县的地区生产总值均值介于 200 亿~300 亿元，则为 1，否则为 0。

我们把两类地区分别对水稻、小麦、玉米三种粮食作物耗水量的估算结果放在表 5.6 中。通过观察不难发现，地区生产总值大于 300 亿元的区县（$highgdp$）和介于 200 亿~300 亿元的区县（$middlegdp$）的估计结果十分相近，即两类地区的指标在 10%、5%、1% 的置信水平下均不显著，其他指标的显著性略有不同，但总体上非常相似。这些结果说明，假如不考虑农业水价改革试点的作用，处理组区县与控制组区县自身的农业节水趋势并没有显著差异，换言之，我们采用多期 DID 分析方法得出的结论是可以信赖的。

表 5.6　　　农业水价改革试点推动地区农业节水：平行趋势检验

解释变量	被解释变量					
	ln*RICE*	ln*WHEAT*	ln*CORN*	ln*RICE*	ln*WHEAT*	ln*CORN*
	(1)	(2)	(3)	(1)	(2)	(3)
highgdp	−0.043 (−0.767)	−0.098 (−0.875)	−0.069 (−0.386)			
middlegdp				−0.034 (−0.425)	−0.076 (−0.537)	−0.057 (−0.309)
gov	0.034 (0.067)	−0.018 (−0.456)	0.002 (0.027)	0.024 (0.801)	−0.045 (−0.771)	0.001 (0.009)
rain	−0.002 * (−1.887)	−0.003 ** (−2.183)	−0.001 * (−1.712)	−0.002 * (−1.889)	−0.004 ** (−2.452)	−0.002 * (−1.672)
temp	0.061 * (1.789)	0.027 * (1.682)	0.003 ** (2.013)	0.076 * (1.812)	0.036 * (1.809)	0.001 * (1.913)
urban	0.006 (0.428)	0.007 (0.497)	−0.003 (−0.691)	0.007 (0.516)	0.005 (0.818)	−0.004 (−0.721)
second	−0.228 ** (−1.998)	−0.496 *** (−2.681)	−0.316 ** (−1.977)	−0.293 * (−1.725)	−0.519 *** (−2.782)	−0.422 * (−1.694)
时间效应	控制	控制	控制	控制	控制	控制
地区效应	控制	控制	控制	控制	控制	控制
_cons	9.514 *** (3.165)	13.478 *** (4.493)	12.415 *** (11.777)	9.889 *** (4.887)	14.217 *** (5.878)	15.121 *** (12.101)
N	260	260	260	260	260	260
R^2	0.729	0.758	0.855	0.771	0.794	0.802

注：括号中为 t 值；*、**、*** 分别表示显著性水平为 10%、5%、1%；所有回归均采用了以地区为聚类变量的聚类稳健性标准误。表中的（1）、（2）、（3）分别表示方程（5-1）、方程（5-2）、方程（5-3）。

　　农业水价改革对地区农业生产的净节水效应，除了受到该地区自身的农业节水趋势影响外，还受到与该政策同时期发生的其他政策的影响。为了剥离这些政策因素的干扰，参考刘瑞明、赵仁杰（2015），范子英、田彬彬（2013），陈刚（2012）等研究的做法，通过调整政策实施的时间来验证同期其他政策是否对该地区农业节水产生影响。这里，我们假设各区县推行农业水价改革试点的时间向前推进1年（即2012年和2013年开始实施，2013年和2014年开始看到政策效果）或者2年（即2011年和2012年开始实施，2012年和2013年开始看到政策效果），如果这个时候农业水价改革变量前面的系数显著，则说明地区农业节水效应主要来自其他政策或因素的影响，而非农业水价改革政策的实施。假如农业水价改革变量前面的系数不显著，则说明地区农业节水效应主要来自农业水价改革政策的实施。其原因在于，这些政策基本上都是水利部颁布的，水利部不可能会在同一年同时颁布两项类似的重大政策，同一时期的其他政策很有可能已经发生但现在仍然存在，因此我们把时间往前推一年或两年，检验的是其他政策的实施效果。如果往前推一年或两年变量系数显著，说明是其他政策或随机性因素的影响，而不仅仅是农业水价改革政策的影响。农业水价改革试点推动地区农业节水的反事实检验结果如表5.7所示。表中第2、3、4列表示的是农业水价改革试点的时间向前推进1年（即2012年和2013年开始实施）的情况；表中第5、6、7列表示的是农业水价改革试点的时间向前推进2年（即2011年和2012年开始实施）的情况。检验结果表明，无论是哪种粮食作物，我们假设的各区县推行农业水价改革试点的时间向前推进1年和2年的情况在统计上并不显著，也就是说，各地区农业节水效应的产生不是来自其他政策或随机因素的驱动，而是来自农业水价改革政策的实施。

表 5.7　　　　农业水价改革试点推动地区农业节水：反事实检验

解释变量	被解释变量					
	ln*RICE*	ln*WHEAT*	ln*CORN*	ln*RICE*	ln*WHEAT*	ln*CORN*
	(1)	(2)	(3)	(1)	(2)	(3)
L1. *wp*	-0.543 (0.044)	-0.435 (-1.471)	-0.141 (-1.252)			
L2. *wp*				-0.730 (-1.371)	-0.945 (-1.630)	-0.004 (-0.039)
gov	0.033 (1.143)	-0.016 (-0.436)	0.002 (0.327)	0.032 (0.764)	-0.014 (-0.406)	0.002 (0.377)
rain	-0.002** (-1.978)	-0.002* (-1.785)	-0.001* (-1.889)	-0.002* (-1.723)	-0.002* (-1.852)	-0.001* (-1.815)
temp	0.089* (1.772)	0.050* (1.673)	0.010*** (3.003)	0.067* (1.863)	0.034** (1.999)	0.003* (1.808)
urban	0.005 (0.314)	-0.006 (-0.396)	-0.004 (-0.734)	0.004 (0.645)	-0.004 (-0.297)	-0.003 (-0.704)
second	-0.194** (-1.977)	-0.465** (-2.001)	-0.322* (-1.889)	-0.245** (-1.990)	-0.514*** (-2.834)	-0.314** (-1.700)
时间效应	控制	控制	控制	控制	控制	控制
地区效应	控制	控制	控制	控制	控制	控制
_cons	9.022*** (3.641)	13.884*** (4.569)	12.302*** (11.440)	9.669*** (3.342)	13.289*** (4.777)	12.428*** (11.712)
N	260	260	260	260	260	260
R^2	0.745	0.734	0.756	0.752	0.867	0.844

注：括号中为 t 值；*、**、*** 分别表示显著性水平为 10%、5%、1%；所有回归均采用了以地区为聚类变量的聚类稳健性标准误。表中的（1）、（2）、（3）分别表示方程（5-1）、方程（5-2）、方程（5-3）。

　　此外，我们还做了一个单重差分法的对比分析。单重差分法要想发挥作用，关键是假定接受处理的区县如果没有接受处理在政策实施前后的平均差别为零，即，排除时间趋势项（年份效应），也就是说假定该地区随着时间的变化自身没有发生任何变化。遵循这样的思路，我们采用单重差分法对农业水价改革试点的节水效应进行了检验，如表 5.8 所示。无论是水稻、小麦，还是玉米，农业水价改革对地区农业节水的净效应系数均较为显著。和双重差分法相比，单重差分法估计所得系数值要明显高于双重差分法，这表明利用传统的单重差分法高估了农业水价改革对地区农业节水的净效应，因此，这里采用多期的双重差分法进行估计较为合理。

表 5.8 　　农业水价改革试点推动地区农业节水：单重差分法检验

解释变量	被解释变量					
	水稻		小麦		玉米	
	lnRICE	lnRICE	lnWHEAT	lnWHEAT	lnCORN	lnCORN
	（1）	（2）	（1）	（2）	（1）	（2）
wp	− 0.392 ***	− 0.411 **	− 0.344 ***	− 0.374 **	− 0.106 **	− 0.199 ***
	（− 3.851）	（− 1.998）	（− 2.717）	（− 2.243）	（− 2.136）	（− 3.025）
gov		0.034		− 0.017		0.002
		（0.814）		（− 0.436）		（0.357）
rain		− 0.002 ***		− 0.002 **		− 0.002 **
		（− 3.001）		（− 2.289）		（− 2.112）
temp		0.053 **		0.019 *		0.003 *
		（2.122）		（1.805）		（1.809）
urban		0.005		− 0.005		− 0.003
		（0.655）		（− 0.387）		（− 0.704）
second		− 1.191 **		− 0.455 ***		− 0.314 **
		（− 2.238）		（− 2.806）		（− 1.994）
时间效应	无	无	无	无	无	无
地区效应	控制	控制	控制	控制	控制	控制
_cons	10.103 ***	9.522 ***	14.760 ***	13.481 ***	13.699 ***	12.429
	（51.873）	（3.182）	（68.201）	（4.544）	（216.610）	（11.761）
N	260	260	260	260	260	260
R^2	0.729	0.839	0.718	0.831	0.713	0.844

注：括号中为 t 值；*、**、*** 分别表示显著性水平为 10%、5%、1%；所有回归均采用了以地区为聚类变量的聚类稳健性标准误。表中的（1）和（2）分别表示方程（5−1）和方程（5−2）。

5.6 本 章 小 结

如何评价和检验农业水价改革对地区农业生产的节水效应是当前人们关注的重要问题。本章首先分析了农业水价改革促进农业节水的基本逻辑链条，即"农业用水水价改革—农业用水成本提高—调整种植结构及采用更为先进的节水灌溉技术—农田灌溉亩均用水量减少—农业用水总量减少"；然后采用中国 52 个县（市、区）2012～2016 年的面板数据，选取了水稻、小麦、玉米三种主要粮食作物作为研究对象，利用多期双重差分（DID）方法对农业水价改革是否促进地区农业节水进行了实证研究。研究发现，实施农业水价改革试点的区县能够显著地减少该地区主要粮食作物的耗水量，这一结果在进行平行趋势检验、反事实检验和单重差分法检验等多项检验以后依然稳健存在。并且水稻的节水效应要依次高于小麦和玉米。这一发现告诉我们，未来节水的潜力在于粮食作物特别是水稻的生产上。从影响因素来看，降雨、气温等自然环境对农业耗水量影响明显，因此需进一步加强农田水利设施的建设和维护，以充分应对不利天气对水利工程正常输水的影响；地区工业化的推进，会对农业耗水量形成一定的"挤压"效应，特别是缺水地区的工业发展必然会与农业"争水"，城镇化率和政府支出规模对当地的农业节水效应并不显著，可能与该地区农业人口到区县外务工，以及水价改革配套资金支持主要来自省市一级财政有关，县级特别是不发达地区农业大县自身财政紧张，很难拿出更多资金用于农业节水。

第6章

农业水价的形成机制分析

农业是消耗水资源最多的行业，农业水资源的价格改革是现阶段资源价格改革的重要环节。一直以来，农业水资源的价格被严重扭曲，水价形成机制并不健全，农业水价与用水成本之间缺口巨大，不仅不利于水资源的节约，而且造成农田水利工程难以良性运转。目前，我国农业平均水价为 0.09 元/立方米，约占农业供水成本（0.26元/立方米）的 35%，这将造成国家投巨资形成的农田水利工程因缺乏运行费用而难以正常发挥作用（王冠军等，2015）。因此，完善农业水价的形成机制，有序提升农业供水价格，是当前开展农业水价改革的方向和路径。

6.1 农业水价的基本概念

农业生产所用的水资源是供水经营者利用水利工程开发出来的一种商品，而农业用水价格是农业用水户在交易水商品的过程所需要支付的单位产品的货币数量多少。从其构成来看，主要包括原水价格、水利工程供水价格和末级渠系供水价格。本研究中的农业水价是终端水价的概念，即农户在农业生产过程中使用水资源的最终价格。

6.2　农业用水定价的理论基础

6.2.1　边际成本定价

农业水资源边际成本定价法，是西方经济学中的价格理论在农业领域中的一种应用。农业水资源边际成本是农业用水户在短期内增加一单位农产品产量时所增加的农业用水总成本。这里的总成本有两种类型：一种是供水成本，主要包括在供水过程中发生的工资、能源、设施设备（折旧）等支出；另一种是供水全成本，即在供水成本的基础上，再加上水资源费、环境损失费、第三方损失等，也就是把各种成本情形全部考虑进来，如图 6.1 和图 6.2 所示。

农业水资源边际成本定价法，是从农业用水的供给出发，是农业水价定价的基础，也是农业水价定价的"底线"（或愿意接受的最低价），如果水价低于这个价格，农业用水的供给者将面临亏损。此时的农业水价由供水单位的边际成本决定。

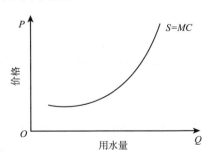

图 6.1　边际成本定价法

注：曲线 $S=MC$，表示增加一单位用水量所增加的工资、能源等成本支出。

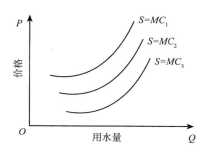

图6.2　全成本定价法

注：曲线 $S = MC_1$，表示增加一单位用水量所增加的要素成本、水资源费、环境损失费、第三方损失等成本支出。

曲线 $S = MC_2$，表示增加一单位用水量所增加的要素成本和水资源费等成本支出。

曲线 $S = MC_3$，表示增加一单位用水量所增加的工资等成本支出。

6.2.2　平均成本定价

边际成本理论与定价方法尽管具有理论上的建构价值，但在实际的运作中存在着难以准确度量的困扰，水资源管理单位往往很难捕捉农业用水的边际成本，进而难以利用边际成本进行实际定价。此时，平均成本定价是一种可行的替代方法。平均成本是供水企业在短期内平均每生产一单位农产品所支付的全部成本，它包括平均可变成本和平均不变成本。在实际的操作过程中，平均成本定价法包含两个部分：一个是供水的平均成本，另一个是供水企业合理的预期盈利。计算公式为：

$$农业水价 = 平均供水成本 + 预期盈利$$

$$= (供水总量/供水总成本) + 预期盈利$$

由于农业用水的公益性质，很多国家或地区规定供水单位不能从农业供水中获取盈利，因此在实际的执行过程中，平均成本定价法又逐步演化为供水企业的供水成本加上供水行业的平均利润。计算公式如下：

$$农业水价 = 平均供水成本 + 行业平均利润$$

$$= 平均成本 \times (1 + r)$$

上式中，r 为农业供水行业平均利润率。

6.2.3　边际收益定价

边际收益是指用水户在短期内增加一单位农业用水量所增加的总收益。这个边际收益，在经济学上就是用水户所得到的边际效用。边际效用越大，对价格的接受能力就越强；边际效用越小，对价格的接受能力就越弱。根据用水户所得到的边际效用定价，本质上就是一种按需定价法，也就是根据消费者的支付意愿和能力来制定价格。一般来说，消费者所获得的边际效用越大，其支付的意愿和能力越强，根据需求制定的价格越高，消费的数量就会越少，如图 6.3 所示。在实际操作过程中，制定农业水价一般会考虑农户的承受能力。这种定价方法属于边际收益定价法，它充分考虑了农户从事农业生产的经济利益，确保农户获得一定的消费者剩余。

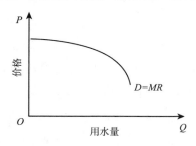

图 6.3　边际收益定价法

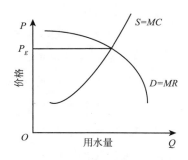

图 6.4　市场均衡定价

6.2.4　市场均衡定价

市场均衡是指在农业用水市场上供给量与需求量相等，既不存在供给不足，也不存在需求不足，供求曲线的交点即为均衡价格。均衡价格是同时从供给方和需求方的角度加以考虑，也就是说既要考虑供水者的边际成本，也要考虑用水者的支付意愿和能力。在均衡价格水平上，供求双方的剩余实现最大化，整个社会实现帕累托最优水平，如图 6.4 所示。图中，$D = MR$，表示用水户的需求曲线和边际收益曲线；两者是重合的。$S = MC$，表示供水户的供给曲线和边际成本曲线，两者也是重合的。从理论层面来说，该价格 P_E 就是理想中的农业水价。

6.3　农业用水差别化定价的基本原理

6.3.1　分类定价

分类定价在城市用水、用电、用气等领域经常使用，是一种特殊的定价方法。分类定价主要包括三种定价方式：首先，根据需求者的不同消费意愿和消费能力类型进行差异化定价，一般来说，对于消费意愿和消费能力较强的用水需求者（低需求弹性者）制定相对较高的价格，而对于消费意愿和消费能力较低的用水需求者（高需求弹性者）制定相对较低的价格。在实践中，我们常用的经济作物和粮食作物分类定价就是一个典型的例子。其次，根据需求者消费的不同数量段制定不同的价格，如当消费者消费 N_1 个单位的产品时价格为 P_1；当该消费者再消费 N_2 个单位的产品时价格为 P_2（$P_2 < P_1$），其实质是增加消费的一种定价方式。最后，根据需求者所处的区位的差异而制定不同的价格，比如同

一种产品在经济发达地区的定价要高于欠发达地区，就用电而言，城市用电的价格要高于农村用电的价格。

6.3.2 两部制水价

两部制水价是世界上许多国家和地区推行的一种水价制度，其性质属于分类定价。两部制水价根据供水成本的类型划分为固定成本和可变成本，并根据不同的成本属性，采取基本水价和计量水价两种不同的价格收取方式。这里的固定成本包括工作人员劳务报酬、工程管护费用、资产折旧费用等，这部分支出是确保水利工程能够正常运行；可变成本包括水资源费、燃油费、电力费及行业正常利润等（见图6.5）。在具体的操作过程中，基本水价等于固定成本除以用水定额，计量水价等于可变成本除以计量用水额度。对于基本水价部分，不管农户是否用水都必须缴纳；对于计量水价部分，用水户缴纳的具体金额取决于实际的用水数量，基本原则是多用多交、少用少交。利用数学公式可以简单表示如下：

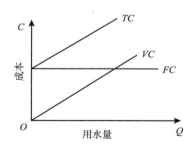

图6.5 农业供水的成本结构

注：TC 表示供水的总成本曲线；VC 表示供水的可变成本曲线；FC 表示供水的固定成本曲线。

假定某地区基本水价为 P_1，计量水价为 P_2，某用水户的用水量为 Q，额定水量是 Q_1（见图6.6），那么该用水户需要缴纳的用水费用为：

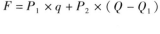

$$F = P_1 \times q + P_2 \times (Q - Q_1)$$

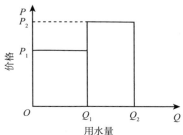

图 6.6　农业供水两部制水价

6.3.3　超定额累进加价制

超定额累进加价制度是指用水户的用水数量超过定额用量后，在不同数量的用水段设置不同的价格，超出部分越多，用水价格越高。超定额累进加价制是两部制水价的进一步深化，也就是把两部制水价中的计量水价部分进行了细分，划分为不同数量段的累进水价（见图 6.7）。超定额累进加价制的具体测算公式为：

用水费用 = 定额内水费 + 超定额累进水费

定额内水费 = 定额内水价 × 实际用水量

超定额累进水费 = 第一段超定额用水量 × 超定额水价 1

+ 第二段超定额用水量 × 超定额水价 2

+ …

+ 第 n 段超定额用水量 × 超定额水价 n

如果某地区的定额内水价为 P_0，额定水量为 Q_0；超过定额以后，第一段超定额用水量为 Q_1，超定额水价为 P_1，第二段超定额用水量为 Q_2，超定额水价为 P_2，以此类推，第 n 段超定额用水量为 Q_n，超定额水价为 P_n。如果某用水户的用水量为 Q，其中 $Q_0 + Q_1 < Q < Q_0 + Q_1 + Q_2$。那么，该用水户位于第二段超定额用水量范围之内，其应缴纳的水

费 F 为：

$$F = P_0 \times Q_0 + P_1 \times Q_1 + P_2 \times (Q - Q_0 - Q_1)$$

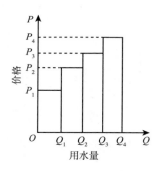

图 6.7 农业供水超额累进加价制

6.3.4 浮动制水价

浮动制水价是供水单位在不同用水时间段、不同季节制定不同的水价。它又分为丰枯季节水价和季节浮动水价两种类型，其中丰枯季节水价是供水单位在枯水期和丰水期实施不同的农业水价，丰枯季节水价实行的是政府定价的方式；季节浮动水价是供水单位在夏季等干旱季节对农业水价进行调整，季节浮动水价实行的是政府指导定价的方式。

供水单位在实施浮动水价制度时，综合考虑不同丰枯季节的用水状况，根据基准水价在一定的范围内进行上下调整，确定最终水价。比如在夏季调高水价，在秋季调低水价。计算方法与步骤：

第一步，确定基准水价。这里的基准水价等于供水单位的供水成本及合理的行业平均利润，除以某一时间段平均供水量（如近 10 年平均供水量）。

第二步，确定不同季节的权重。不同季节的权重是某个时间段某一季节的平均供水量与该时间段平均供水量之比。

第三步，计算最终水价。

$$最终水价 = 第一季度供水量权重 × 基准水价 × k_1$$
$$+ 第二季度供水量权重 × 基准水价 × k_2$$
$$+ 第三季度供水量权重 × 基准水价 × k_3$$
$$+ 第四季度供水量权重 × 基准水价 × k_4$$

其中，k 为调整系数，如在夏季，k 值大于 1；在秋季，k 值小于 1；在冬春季节，k 值等于 1。

6.4 农业水价制定的思路与路径

6.4.1 农业水价制定的基本原则

6.4.1.1 坚持有偿使用原则

水资源特别是淡水资源是有限的，其稀缺属性决定了水资源的使用必须要坚持有偿使用原则。农业用水的价格制定需要体现水资源的经济价值和生态价值。坚持有偿使用，是市场在资源配置过程中充分发挥决定性作用的基本前提。只有坚持有偿使用原则，才能建立价格调节机制及水利设施长效运行机制，同时增强用水户节水意识。

6.4.1.2 坚持农民自愿原则

农民的自愿参加是开展农业水价改革的基础，其核心就是尊重农民的意愿，由农户自主决定是否参与推进本地水价综合改革。从下而上推进改革，可以避免因指令性改革而产生不符合需求情况的过度建设，以及因农民无积极性而出现政府包办、设施利用率低、管护难到位等情况。

6.4.1.3 坚持因地制宜原则

充分考虑各类地区不同供水方式、不同自然条件、不同用水户类型、不同发展水平差异等客观状况，各地选择适合自身的农业水价改革模式及相应的政策举措。

6.4.1.4　坚持政府主导、社会参与原则

基于农业用水的公共产品性质和对粮食安全、水安全的战略性作用，政府需要不断加大投入力度，强化其主体地位。并且通过创新农村水利设施投融资体制，广泛动员社会力量共同参与建设和管理，形成政府与社会协同以及以城带乡、以工补农的治水兴水强大合力，顺利推进农业水价改革进程。

6.4.1.5　坚持效率与公平兼顾原则

经济发达地区用水户自我投资能力较强、水费承受能力也较强，"以水养水"的目标更容易达成，反之则相反。但落后地区对水利设施的需求更迫切，政府水利投入又十分有限。因此，在推进农业水价改革过程中，一方面要追求投资效率，另一方面要适当兼顾公平。

6.4.2　农业水价制定的总体思路

建立健全农业水价形成机制是开展农业水价改革的关键。农业水价改革的总体思路是：坚持市场与政府共同发力，充分发挥价格在农业水资源配置中的决定作用以及更好发挥有为政府作用，从供给和需求两端综合考虑水利工程供水成本和农民承受能力，构建科学合理的农业水价形成机制和成本分担机制，逐步建立差异化的水价制度，促进农业节水和现代农业发展。

6.4.3　农业水价制定的主要模式

从前面几章的分析可知，农业水价制定的主要模式有：用水户承受能力定价模式、供水管理成本定价模式、"运行服务成本 + 用户承受能力"定价模式、全成本定价模式等。下面基于农业水价制定的总体思路，需要从供给和需求两端综合考虑水利工程供水成本和农民承受能

力，即采用"运行成本＋用户承受能力"定价模式，并以重庆市纳入国家农业水价综合改革示范区的彭水县和忠县为例加以说明。

6.4.3.1　农业用水价格的成本构成

根据前文的分析，农业用水价格是终端水价的概念，主要包括水利工程供水成本和末级渠系供水成本。

1. 水利工程供水成本构成

水利工程供水成本一般包括生产成本、费用、税金和利润。但在实践中，很多国家和地区都没有计提税金和利润，因此，水利工程的供水成本（P_1W_1）可以采用下式加以表达：

$$P_1W_1 = C + E \qquad (6-1)$$

式中：P_1W_1表示国有水利工程供水成本；C表示供水生产成本，主要包括直接工资、直接材料、其他直接支出和制造费用；E表示供水生产费用，主要包括财务费用、管理费用和营业费用。

2. 末级渠系供水成本构成

末级渠系供水成本包括用水合作组织管理费用、配水人员工资、末级渠系维护支出等，因此可以用如下公式对末级渠系的供水成本（P_2W_2）加以表述：

$$P_2W_2 = F_1 + F_2 + F_3 \qquad (6-2)$$

式中：F_1表示管理费用；F_2表示配水人员劳务费用；F_3表示维修养护费用。

6.4.3.2　农业水价承受能力测算

测算某地区农户对农业水价的承受能力，首先需要明确界定水费在亩均产值中所占的比重和水费在亩均纯收益中所占的比重，紧接着根据该地区的亩均产值和亩均纯收益，分别计算该地区的水费支出，最后选择其中的最大值来度量农民的水费承受能力。具体可以采用如下公式加以表达：

$$C = \max(V \times R_1, B \times R_2) \qquad (6-3)$$

式中：C表示农民对水费的承受能力；V表示亩均产值；R_1表示水

费支出占亩均产值比重；R_2 表示水费支出占亩均产值比重；B 表示亩均收益。

农户承受能力主要用来衡量农业用水户对水价是否能够承受以及承受能力有多大，承受能力主要反映为农业水价与产出之间的协调程度。王金霞（2008）、孟德锋等（2012）、黄晶晶（2014）等的研究表明，农业水费支出占亩均产值的比重在 5%～15% 之间，农业水费支出占亩均纯收益的比重在 10%～13% 之间，则农户水费的承受能力介于亩均产值的 3%～8% 之间，介于亩均纯收益的 6%～12% 之间。因此，从理论上说，农业终端水价在亩均产值 3%～8% 或净收益的 6%～12% 区间具有合理性。

6.4.3.3　农业水价定价的案例分析

1. 2019 年彭水县示范区项目农业水价定价分析

该项目区不以水利工程作为灌溉水源，其水源主要来自附近的山坪塘，属于小型自流灌区，项目区主要种植水稻，有效灌溉面积为 3500亩。由于不包含水利工程供水成本，农业水价主要由末级渠系的运行成本构成，具体的测算公式如下：

$$农业水价 = \frac{末级渠系运行成本 \div 亩数}{每亩用水定额}$$

这里，末级渠系运行成本主要有末级渠系维护费、农民用水户协会的日常运行经费、配水工作人员劳务报酬等。

首先，末级渠系服务成本测算。该项目区每年的末级渠系维护费约为 8 万元，主要根据建设投资的 80% 形成固定资产，并根据固定资产的 1% 折旧作为维修养护费；协会日常年工作经费约为 0.7 万元，按照每亩 2 元测算，共有 3500 亩；管水工作人员的劳务报酬为 0.95 万元，共5 个人，平均每人工作 2 个月，工资标准为每人每月 950 元（参考彭水县最低工资标准确定）。三项费用合计为 9.65 万元；每亩成本约为 27.57 元。

其次，每亩用水定额测算。参照彭水县用水定额管理的相关规定，考虑该项目区灌区面积小、渠系不长且设施条件较好，农田灌溉水资源利用系数约为 0.65，因此每亩用水定额确定为 280 立方米/亩。

根据测算公式，可以计算得出彭水县农业用水价格为 0.10 元/立方米。

2. 2019 年忠县示范区项目农业水价定价分析

该项目区以水利工程作为灌溉水源，其水源主要来自附近的水库，项目区主要种植水稻、小麦、竹笋、柑橘等作物，有效灌溉面积为 9743 亩。由于包含水利工程供水成本，农业水价主要由水利工程的运行成本和末级渠系的运行成本构成，具体的测算公式如下：

$$农业水价 = 水利工程运行成本 + 末级渠系运行成本$$

首先，水利工程运行成本测算，即干渠及以上水利工程的供水成本、费用与流经干渠的供水量的比值。经计算，忠县水利工程供水价格约为 0.17 元/立方米。

其次，末级渠系水价测算，主要包括：每年末级渠系维护费用约为 10 万元，主要根据建设投资的 80% 形成固定资产，并根据固定资产的 1% 折旧作为维修养护费；协会日常年工作经费约为 2 万元，按照每亩 2 元测算，共有 9743 亩；管水工作人员的劳务报酬为 2 万元，共 8 个人（有 2 个用水户协会，平均每个协会 4 人），平均每人工作 2 个月，工资标准为每人每月 1250 元（参考忠县最低工资标准确定）。三项费用合计约为 14 万元。每亩成本约为 14.38 元。

最后，用水定额测算。参照忠县用水定额管理的相关规定，考虑该项目区灌溉条件较好，农田灌溉水资源利用系数约为 0.7，因此每亩用水定额确定为 271 立方米/亩。

根据末级渠系运行成本计算公式，末级渠系水价约为 0.05 元/立方米，进而测算得出农业水价为 0.22 元/立方米。

从彭水县和忠县两个示范区的情况看，两地农业水价的差异主要来自水利工程运行成本，忠县包含水利工程运行成本，所以水价较高，约为 0.22 元/立方米，比彭水县高 0.12 元/立方米。但忠县的末级渠系的运行成本较低，仅为 0.05 元/立方米，相当于彭水县的 41.67%，其原因在于忠县的平均灌溉规模要明显大于彭水县。

3. 农民承受能力测算

第一，彭水县示范区农民承受力测算。不难计算，该项目区亩均水费约为 27.57 元，由于该区域主要种植水稻，而水稻的亩均产值约为 1288 元、亩均纯收益约为 1017 元，水费占亩均产值、亩均纯收益的比例分别为 2.14%、2.71%。该比例低于占亩均产值 3%～8% 的低限值，大大低于占纯收益 6%～12% 的低限值，该值处于农民的可承受能力范围之内。

第二，忠县示范区农民承受力测算。不难计算，该项目区亩均水费约为 60.16 元，由于该区域主要种植水稻、小麦、竹笋、柑橘等不同作物，综合计算各类作物的产值和种植面积，得出该区域农作物的亩均产值约为 2250 元、亩均纯收益约为 1020 元，水费占亩均产值、亩均纯收益的比例分别为 2.67%、5.90%。该比例低于占亩均产值 3%～8% 的低限值，大大低于占纯收益 6%～12% 的低限值，该值处于农民的可承受能力范围之内。

6.4.4 农业水价的定价策略及合理分担机制

6.4.4.1 农业水价的定价策略

一是根据水利部有关文件精神。目前水利工程供水价格可以由政府来定价，末级渠系供水价格在政府部门的指导下由农业用水合作组织或农户协商定价，后期可逐步过渡到根据供求变化的市场定价。

二是积极实施分类定价。根据不同地区的经济发达程度、不同经营主体、不同经营品种、不同改革要求，分类、分步骤推进农业终端水价改革。组织化程度较高的农业新型经营主体，优先作为改革对象；规模化、产业化程度高，效益较好的产业（如水果、蔬菜等）作为推广改革的重点领域；经济发展水平较高、农民呼声高、改革要求强烈的地区优先试点和改革。近期依然以试点为主，在广泛试点的基础上，条件成熟时再予以推广。

三是大力推行超定额累进加价制度。为充分发挥水价对水资源优化配置的调节作用，需要推进超定额累进加价制度。每亩用水定额，可以由水资源管理单位按照当年各水库及提灌站点的实际用水量和有效灌溉面积来确定。在用水定额内实现基准水价，基准水价由农民协商确定，用水数量超过定额用量后，在不同数量的用水段设置以基准水价为基数的不同上浮水价，超出部分越多，用水价格越高（黄晶晶，2014）。

四是有选择地实施浮动制水价。彭水县和忠县的调研发现，重庆等长江沿岸地区总体处于丰水地区，农业灌溉用水量受自然气候影响较大，丰水年份基本不用或很少使用水利工程输水，部分地区农户甚至可以自行打井修建微型水利加以解决，因此在水资源丰裕程度不同的地区可以有选择地实施季节浮动水价制度。一旦发生此类状况，水资源管理单位的水费收入会受到很大的影响。而水利工程的维护需要常年支出，因此需要供水单位在枯水期和丰水期实施不同的农业水价，通过在枯水季节制定较高的价格来平衡丰水季节的水费收入锐减。一般来说，季节浮动水价实行的是政府指导定价的方式。

6.4.4.2　农业水价的合理分担机制

一是建立以城带乡机制。在水利工程同时承担城镇供水和农业灌溉供水的灌区内部，可以通过适当提高城镇供水价格，来分担农业用水价格的减免部分，这样可以保证水资源管理单位收取的水费维持水利工程的正常运行。

二是建立以经补粮机制。考虑到经济作物附加值较高，农户对水费的承受能力较强，因此对经济作物的供水价格一般应高于粮食作物。这一机制主要是在不同的用水主体之间进行调节，通过对高附加值作物收取的高水费来平衡对低附加值作物收取的低水费。

三是建立以多补少机制。主要是基于超定额累进加价制度来构建以多补少分摊机制。由于不同用水户的种植规模不一样，用水量也存在差异，通过累进加价制度，通过对用水量多的用水户征收较多的水费来平衡对用水量少的用水户的低收费。

四是建立财政分担机制。为了维持水利工程的正常运行，综合考虑农户的承受能力，各级财政需要对水利工程运行成本进行分担，具体包括对水资源管理单位进行"两费"（人员经费和维护经费）补偿、对农业水价综合改革示范区、"米袋子"和"菜篮子"示范基地等减免的工程水费、提灌电费进行补偿等。中央及省市财政对大中型灌区给予补助，县级财政对小型灌区给予补助。

6.5　本章小结

本章首先介绍了农业水价的基本概念；紧接着介绍了农业用水定价的理论基础，系统阐释了边际成本定价、平均成本定价、边际收益定价、市场均衡定价四种定价原理，并且介绍了农业用水差别化定价方式，主要有分类定价、两部制水价、超定额累进加价制及浮动制水价；最后阐述了农业水价制定的基本原则，即坚持有偿使用原则、农民自愿原则、因地制宜原则、政府主导社会参与原则、效率与公平兼顾原则。本章提出了农业水价制定的总体思路，并且以重庆市纳入国家农业水价综合改革示范区的彭水县和忠县为例重点介绍了"运行成本＋用户承受能力"的定价模式，探讨了农业水价的定价策略，包括积极实施分类定价、大力推行超定额累进加价制度、有选择地实施浮动制水价，但也需要建立合理的水价分担机制，即建立以城带乡机制、以经补粮机制、以多补少机制和财政分担机制。

第7章

我国水利工程供水价格
研究：以重庆为例

水利工程供水价格是农业水价的重要组成部分，其大小直接决定着农业终端水价的高低。但一直以来，水利工程特别是国有水利工程的农业供水被视为公益性供水，其商品属性长期未得到重视，低价供水成为常态，导致水利工程管理单位大多处于保本、微利甚至亏损水平。推广农业水价制度，需要权衡考虑农业供水单位的供水成本和价格。本章以重庆市为例，试图通过重庆，管中窥豹，以解析我国水利工程供水及其价格情况，首先介绍水利工程供水价格的概念、定价基础以及水价制度、类型，然后分析重庆市水利工程供水价格的现状及存在的问题，最后探讨重庆市水利工程供水价格的改革思路。

7.1 水利工程供水价格的概况

7.1.1 水利工程

水利工程是通过修建堤坝、水闸、渠道等水工建筑物来调配大自然中的水资源，以满足经济社会发展对水资源的需要。

7.1.2 水利工程供水价格

水利工程供水价格是供水经营者利用水利工程开发出来一种水商品并销售给用水户的价格，它一般由供水生产成本、费用、税金和利润构成，同时它还须囊括原水价格（水资源费）。国内各地在核定水价过程中，有的地区将水资源费单列，价格主管部门核定的水利工程供水执行价格中不包含水资源费；有的地区在核定水价过程中则将水资源费列入水利工程供水价格之中。比如重庆市在测算供水价格时包括水资源费，但在核定执行水价时未明确是否包括资源水价。

7.1.3 水利工程供水价格定价基础

与农业水价的定价类似，水利工程供水价格的定价也包含有边际成本定价、平均成本定价、边际收益定价、市场均衡定价四种市场定价方式。此外，水利工程供水价格的定价方式还包含计划定价法。计划定价法是指政府的价格管理部门在测算水利工程供水成本（费用）的前提下，结合水资源的供给和需求状况以及农户的实际承受能力，提出政府指导价或进行政府定价。计划定价的结果可能比实际供水成本高，也可能比实际供水成本低。目前国内大多数地区水利工程定价主要采用计划定价模式，且执行价格多数低于供水实际成本。

7.1.4 水利工程水价制度

为了合理制定水价，更好体现水资源价值，促进水资源优化配置，在核定水利工程供水价格定价基础的同时，可以采取分类定价、两部制水价、阶梯式水价、浮动制水价等水价制度。

7.1.5 水利工程供水价格的类型

水利工程供水主要有农业和非农业两种用途，水利工程供水价格也主要包含农业供水价格和非农业供水价格，农业供水价格是水利工程提供农业生产用水所收取的价格；非农业用水价格是指水利工程提供工业生产、城乡生活、水力发电等用水所收取的价格。两种不同类型的供水价格实施分类核算。需要指出的是农业供水价格不计提税金和利润。

7.2 重庆市水利工程供水价格现状

7.2.1 重庆市水利工程概况

《2018 年重庆市水资源公报》显示，重庆市共有水库 2996 座，总库容达 120 亿立方米，规模以上水闸 123 座，泵站 7883 座，堤防总长度达 1323 公里，容积在 500 立方米以上的塘坝有 14.8 万处，容积在 10 立方米以上的窖池有 15.3 万处，地下水取水井 120.4 万眼。

7.2.2 重庆市水利工程供水价格管理体制

水利工程的供水价格目前需要接受重庆市政府相关部门的直接管理。水资源管理单位在调整价格时需要向水利工程所在地价格管理部门提出申请，经当地价格管理部门、水利部门审核后，报请市级价格管理部门和水利部门审批。大中型水利工程由水资源管理单位向所在地区（县）水行政、价格主管部门提出价格申请，区县价格部门协商水行政主管部门对供水成本进行初审，并拟定可执行价格后，再报市价格、水行政主管部门复核，无异议后，市价格部门会商水行政主管部门批复执行水价。小型水利工程由水资源管理单位向所在地区（县）水行政、价格主管部门提出价格申请，区县价格部门会商水行政主管部门对供水成本进行审核，并批复执行水价。

7.2.3 重庆市水利工程供水价格现状

目前，重庆市内无全面系统的水利工程供水价格调查资料。根据抽样调查的 24 座大中小型水库的情况发现：不同地区不同类型水库的供水价格存在一定差异；农业用水价格虽然有收取标准，但农业水费实际收取率不足 15%；水库的非农业供水价格考虑了社会承受度，未反映水供求关系，少数水库的非农业用水价格接近保本、微利水平。

7.2.3.1 非农业水价

1. 典型水库供水价格调查

抽样调查的 24 座水库中，非农业水价基本实现用水计量、按量收费，约 1/4 的水库供水价格能够基本达到成本或微利水平。2000 年以后新建成水库普遍比此前建成水库的供水成本高。受供水成本和供水规模等因素影响，不同类型水利工程工业供水价格差异较大。

从 2000 年以前建成的水库来看，重庆共有 15 座水库，总库容为 2.08 亿立方米，其中提供城镇生产生活用水 0.72 亿立方米，提供农田灌溉用水 0.33 亿立方米，发电供水 9186 万立方米；核定城镇生产生活原水价格 0.48 ~ 0.68 元/立方米，实际执行价格 0.10 ~ 0.68 元/立方米；年水费收入 1739 万元；财政补助 1202 万元；固定资产原值 6.75 亿元；年成本费用 4187 万元。① 收支差额部分主要反映为部分水资源管理单位提取的折旧是空余额。

从 2000 年以后建成的水库来看，重庆共有 9 座水库，总库容为

---

① 资料来源于《重庆市第一次水利普查公报》。

2.32 亿立方米，其中提供城镇生产生活用水 0.71 亿立方米，提供农田灌溉用水 0.30 亿立方米，发电供水 7628 万立方米；核定城镇生产生活原水价格 0.42～0.68 元/立方米，实际执行价格 0.10～0.68 元/立方米；年水费收入 2890 万元。无财政补贴。固定资产原值 19.5 亿元，年成本费用 4353 万元。收支缺口部分由企业信贷资金、一体化管理的下游产业收入弥补。调查还发现，合川区 2 座中型水库供场镇的协商原水水价达到 1.20 元/立方米。渝北观音洞水库业主将配套水厂处理过的净水卖给中法水务公司，协议水价达 2.00 元/立方米。[①]

2. 典型水库供水价格测算

由于水利工程的功能具有多样性和综合性，因此测算水库供水价格遵循以下步骤：首先需要把公益服务等其他功能应承担的成本和费用分离出来，然后得到农业和非农业两部分应分摊的成本和费用，最后遵照供水成本（费用）加上合理利润的定价思路，对上述两类不同管理主体的水库原水价格进行初步测算。

2000 年以前建成的水库，不完全成本平均水价约为 0.31 元/立方米（大修费 0.05 元、工资附加 0.17 元、运行管理等 0.09 元；不计折旧、合理利润、水资源费、税金，下同），平均水价约为 0.72 元/立方米，含税平均水价约为 0.77 元/立方米。2000 年以后建成的水库，不完全成本平均水价约为 0.47 元/立方米（大修费 0.20 元、工资附加 0.10 元、运行管理等 0.08 元、财务费用 0.09 元），平均水价约为 1.58 元/立方米，含税平均水价约为 1.70 元/立方米。[②]

3. 周边省份大中型水利工程（水库）供水价格

经调查，重庆市周边主要省份的大中型水利工程（水库）非农业供水价格呈现出水资源丰沛地区，水利工程供水量越大，水价越低；水资源相对缺乏地区，水利工程规模越小，水价越高。

---

①② 资料来源于《重庆市第一次水利普查公报》。

7.2.3.2 农业水价

根据《重庆市水利工程水费征收办法》的相关规定，重庆市出台了基本水价 13.50～18.00 元/亩、计量水费 0.05 元/立方米的指导价，由各区县政府在此幅度范围内具体确定本行政区域内的统一指导价，对于缺乏计量设施的区域，可以免收计量水费。但农村税费改革以后，大部分地区基本上没有收取任何农业水费。

从抽样调查的 24 座水库看，近三年平均农业灌溉供水 3634 万立方米，仅收取水费 27 万元（黔江小南海水库 19 万元、梁平盐井口水库 8 万元），不足计量水费 182 万元的 15%。①

7.2.3.3 农村集中式供水工程水价

据日供水 20 立方米及以上的集中式供水工程抽样调查，重庆市农村集中式供水平均成本为每立方米约 2.75 元。其中：原水费 0.12 元，能源动力费（电费）0.41 元，药剂费 0.15 元，水质检测费 0.08 元，管理费用（维修费用、直接工资等）1.11 元，税费 0.35 元，折旧费用 0.53 元。重庆市多数地方水费收取标准为 1.5～2.5 元，平均到户水价约 2.1 元，低于成本价约 0.65 元。②

7.3 重庆市水利工程供水价格存在的主要问题

当前，重庆市水利工程水价改革虽然取得了一定的进步，但由于财力限制、制度不完善、硬件设施投入不足等因素的存在，重庆市水利工程供水价格运行机制尚未真正建立起来，这对水利工程的良性运行造成了不利影响，同时也不利于节约用水。

①② 资料来源于重庆市水利局网站（http://slj.cq.gov.cn/）。

7.3.1　非农业供水价格存在的问题

7.3.1.1　水价制度不完善

从典型调查情况来看，重庆市水利工程供水价格主要采用单一制水价制度，水价标准单一。

7.3.1.2　水价调整机制仍不健全

重庆市水利工程供水价格的动态调整机制仍不健全，供水价格无法根据实际的水资源供求状况和供水成本适时调整，导致最终水利工程供水价格偏离水资源供求状况决定的均衡价格。重庆成为直辖市以来，仅在1998年、2006年前后进行过2次较大范围的水利工程供水价格调整，供水水价多年不变，长期偏低的水利工程供水价格使水价机制在促进节约用水方面作用甚微。同时，在供水成本不断增加的背景下，水利工程供水价格不能在3～5年适时调整，导致供水单位承担的政策性亏损不断扩大，严重影响水利工程的正常运行。

7.3.1.3　水利工程分类定价机制不健全

不同用途的水利工程供水，如工业供水、农业供水、城乡居民供水、特殊行业供水等，在用水方式、用水保证率等方面均存在显著差别，应当合理分摊供水成本。目前，重庆市水利工程供水分类定价机制仍不健全，针对于高耗水特殊用水行业的特殊水价制度仍未建立，以工补农的水价制度仍不完善，导致水价机制在优化用水结构，转变用水方式方面的作用远未发挥。

7.3.1.4　低水价与高运行管护成本的冲突

一方面水库原水价格达不到按正常因素测算的原水成本，另一方面水库富余人员较多，工程运行成本负担过重。笔者调研发现，梁平县某水库，属小（一）型水库，为县城用水主供水源地之一，按定岗定员标准配置，运行管护人员最多为12人，实际在册员工高达42人，超标准配置30人。

7.3.2 农业供水价格存在的问题

7.3.2.1 供水成本补偿缺口大

纳入财政补助的公益性（准公益性）水资源管理单位只是解决了有人管的问题。企业管理的公益性（准公益性）水资源管理单位主要通过减少农业供水、加大非农业供水来补偿。

7.3.2.2 农业水费计收困难

一是支农力度不断加大。农村水费改革以后，国家不仅不向农民收取任何税费，而且还出台各项惠农政策，不断加大对农民的补贴力度，在此背景下农民对补贴农业水费的呼声和期望更高更紧迫。二是农民种粮积极性下降。部分区县水田改旱地，农民对灌溉的依赖性下降，缴纳水费缺乏积极性。三是灌溉服务水平难以提高。近年来，灌溉条件局部得到改善，但是农田水利工程尤其末级渠系老化失修严重，农业供水服务水平与农民要求相比存在一定差距，农民对供水服务满意度不高，对缴纳水费有意见。

7.3.2.3 农业水价综合改革推广难度较大

重庆市于 2013 年开始在潼南、忠县、彭水三个地区开展农业水价综合改革示范区建设（总面积约 1 万余亩），组建了农民用水户协会，开展了末级渠系改造及配套计量设施建设，建立了农业终端水价制度，示范项目成效逐步显现，对于保障水利工程运行、减轻农民负担以及促进农业节水发挥了重要作用。但受试点的地域范围、试点数量、财力投入限制，农业水价综合改革效益仍停留在试点项目的局部区域，受益区域极其狭窄，试点经验推广困难、难以普及，难以形成更广范围内的改革效益。

7.3.3 农村集中式供水价格存在的问题

7.3.3.1 水价不足以弥补供水成本

城镇供水网拓展工程仍沿用 10 多年前核定的水价（多在 2.00 元以

下），与近年来大幅上涨的物价相比，难以弥补工程供水成本。新建成的农村集中式供水工程多实行协商水价，协商水价只考虑了简单运行管理费用，未考虑折旧成本。

7.3.3.2　居民用水量远低于设计水平

农村外出务工人员多，常住人口中老少群体居多，同时农户收入水平不高，用水非常节约，有农户使用"滴滴水"，更有农户将自来水作备用，只在特殊或干旱情况下使用。实际供水量只占设计供水量的50%左右。

7.3.3.3　供水管网水损耗大

农户居住分散，管网沿线长，约60%的集中式供水工程水费回收率不足实际供水量的50%。

7.4　推进水利工程供水价格改革的思路与路径

推进水利工程供水价格改革的基本思路是围绕构建节水型社会总体目标，充分发挥市场对水资源配置的决定性作用，分类推进水利工程供水价格改革，实施差异化水价制度和水价动态调整机制，完善水利工程供水价格形成机制，保障水利工程正常运行，促进各行业节约用水。

7.4.1　非农业供水价格改革

7.4.1.1　构建水利工程供水价格动态调整机制

根据供水成本变化、水资源供求状况等，间隔一定的时间比如3~5年调整工程水价，确保水利工程的正常运行。建立健全在供水成本发生显著变化或水资源供求状况发生变化情况下的适时调整机制，可以通过水价听证等举措，确定调整周期，并根据实际情况适时调整水利工程供水价格。

7.4.1.2 完善水利工程非农业用水价格制度

一是推行用水计量管理制度。全面推进非农业供水用水计量，确保水利工程非农业供水全部实现计量收费。

二是建立健全特殊行业水价制度。为控制高耗水等特殊行业用水，可以采取差异化水价制度，更多提升该类行业用水水价，倒逼这类行业推广使用节水设施技术并加大转型升级步伐。

7.4.1.3 完善"以工补农"水价机制

"以工补农"水价分担机制，是未来推动城乡水务一体化发展、优化水资源配置的重要方式。完善农业用水与非农业用水价格按供水保证率分摊成本机制，合理提高特殊行业用水价格，适当提高工业用水价格，优化供水结构，建立以工补农的水价补偿机制。

7.4.2 农业供水价格改革

7.4.2.1 加强末级渠系改造和计量设施配套，克服硬件约束

加强末级渠系改造，重在对渠道进行硬化处理。末级渠系计量设施建设应根据灌区地理地形条件、各地农业生产和灌溉方式、水资源状况等实际情况，因地制宜地建设和完善相应的量测水设施，尽可能划小计量单元，为水利工程实施计量水价进而开展农业用水价格改革提供基础保障和硬件支撑。

7.4.2.2 建立财政补助和成本分摊机制

按照水利工程的维修养护标准，基于合理分摊、权责一致的基本原则，建立水利工程农业供水的财政补贴机制，对水利工程运行成本缺口进行补偿。大中小型灌区运行管护可以实施分级补助。对农业定额内用水财政补助，定额外加价收取水费，推动节约用水。

7.4.2.3　完善水利工程农业用水价格管理机制

实施农业终端水价制度。对于水利工程水价，不计利润和税金，按照补偿水利工程生产成本及相关费用加以确定；对于末级渠系水价，在政府指导价的基础上，由农民用水户协会（或村集体）协商确定，主要用于维持末级渠系的正常运行和日常管理。

7.4.2.4　推广超定额累进加价制度

首先是明确农业的用水定额，其次是对定额内的农业用水给予财政补助并适用基本水价，对定额外用水适用累进加价制度，即用水越多，水价越高。

7.5　本章小结

本章首先介绍了水利工程供水价格的概念、定价基础以及水价制度、类型，然后通过对重庆市24座大中小型水库等水利工程的实地调查，分析了水利工程供水价格的现状及存在的问题，最后探讨了水利工程供水价格的改革思路。研究发现：不同地区不同类型水库的供水价格存在一定差异；农业用水价格虽然有收取标准，但农业水费实际收取率不足15%；水库的非农业供水价格考虑了社会承受度，但未反映水资源供求关系，部分水库的非农业用水价格接近保本、微利水平；水利工程供水分类定价机制仍不健全，针对于高耗水特殊用水行业的特殊水价制度仍未建立，以工补农的水价制度仍不完善，导致水价机制在优化用水结构，转变用水方式方面的作用远未发挥；水库原水价格达不到按正常因素测算的原水成本，而水库在编人员过多，工程运行成本负担重。因此，对于水利工程农业供水价格，应建立水利工程农业供水的财政补贴机制，对水利工程运行成本缺口进行补偿。大中小型灌区运行可以实施管护分级补助。对农业定额内用水给予财政补助，定额外加价收取水费，以推动节约用水。

第*8*章

我国农业水价改革的微观调查分析

农户是农业用水的主体，也是农业水价改革能否顺利推进的重要一环，因此，深入开展农户调查，了解农户的灌溉用水行为，把握农户参与农田水利建设和农业用水合作情况，熟知农户参与农业水价改革状况，对于顺利实施农业水价改革和农业用水合作意义重大。本章数据源自笔者所在课题组于2018年8月组织高校学生进行的全国范围的暑期调研活动，此次调研活动有150余人参加，足迹遍及我国12个省、自治区、直辖市，走访了75个村庄，对800个农户进行了问卷调查，对部分村干部、村民进行了深入访谈，共收回800份问卷，整理后得到有效问卷780份，有效样本率97.5%。

8.1 农户家庭的基本情况

表8.1显示了调查样本的部分人口与社会经济统计特征。

表 8.1   样本人口与社会经济统计特征

特征	类别	样本数（户、人）	百分比（%）
性别	男	617	79.10
	女	163	20.90
家庭规模	1～3 人	169	21.67
	3～5 人	401	51.41
	5 人以上	210	26.92
年龄	35 岁以下	48	6.15
	36～45 岁	198	25.38
	46～55 岁	299	38.33
	56～65 岁	138	17.69
	65 岁以上	97	12.44
文化程度	小学及以下	437	56.03
	初中	231	29.62
	高中或中专	78	10.00
	大专或本科及以上	34	4.36
实际耕种土地面积	1～5 亩	312	40.00
	5～10 亩	197	25.26
	10～20 亩	172	22.05
	20 亩以上	99	12.69
农业收入占家庭总收入比重	20% 以下	278	35.64
	20%～50%	205	26.28
	50%～80%	126	16.15
	80% 以上	171	21.92

从性别来看，样本中男性人数为 617 人，占比为 79.10%，女性人数为 163 人，占比为 20.90%。从家庭规模来看，家庭人口数在 1～3 人之间的有 169 户，占比达 21.67%；3～5 人之间的有 401 户，占比达 51.41%；5 人以上的有 210 户，占比达 26.92%。从年龄分布来看，35 岁以下的有 48 人，占比为 6.15%；36～45 岁之间的有 198 人，占比为 25.38%；46～55 岁之间的有 299 人，占比为 38.33%；56～65 岁之间的有 138 人，占比为 17.69%；65 岁以上的有 97 人，占比为 12.44%。

从文化程度来看，小学及以下的有 437 人，占比为 56.03%；具有初中文化水平的有 231 人，占比为 29.62%；具有高中或中专文化水平的有 78 人，占比为 10.00%；具有大专或本科及以上文化水平的有 34 人，占比为 4.36%；从实际耕种土地面积来看，1~5 亩之间的家庭有 312 户，占比为 40.00%；5~10 亩之间的家庭有 197 户，占比为 25.26%；10~20 亩之间的家庭有 172 户，占比为 22.05%；20 亩以上的家庭有 99 户，占比为 12.69%。从农业收入占家庭总收入比重来看，20% 以下的家庭有 278 户，占比为 35.64%；20%~50% 之间的家庭有 205 户，占比为 26.28%；50%~80% 之间的家庭有 126 户，占比为 16.15%；80% 以上的家庭有 171 户，占比为 21.92%。

从以上的统计分析可以看出，在我们调查的样本中，以男性为主，家庭人口规模大多在 5 人以下，大部分人口年龄介于 36~65 岁之间，36 岁以下的青壮年占比较少，八成以上的人口文化程度在初中及以下，耕种面积在 10 亩以下的农户占比较高，农业收入占总收入比重不到一半的家庭在六成以上。

8.2 家庭农业灌溉用水情况

从表 8.2 中可以发现家庭农业灌溉用水的基本特征。

表 8.2 农户灌溉用水特征

特征	类别	样本数（户）	百分比（%）
灌溉用水来源 （多选）	水库	112	11.14
	当地河流	302	30.05
	雨水	333	33.13
	井水	143	14.23
	其他（泉水等）	115	11.44

续表

特征	类别	样本数（户）	百分比（%）
灌溉方式 （多选）	一般灌溉	516	63.70
	低压管灌溉	38	4.69
	喷管	55	6.79
	滴灌	22	2.72
	微灌	7	0.86
	其他（不灌溉）	172	21.23
水费收取方式 （多选）	按亩收费	194	24.87
	按作物类型收费	92	11.79
	按用水量收费	252	32.31
	其他（不收费）	242	31.03
灌溉用水最大问题 （多选）	灌溉不及时	154	17.87
	灌溉用水量不够或过量	228	26.45
	水的分配不合理	225	26.10
	其他（没用过等）	255	29.58
水渠运营维护的 资金来源 （多选）	收取水费	174	20.12
	一事一议	148	17.11
	贷款	26	3.01
	县乡财政支持	310	35.84
	其他	207	23.93
灌溉设施及水费的 管理主体 （多选）	个人承包经营	79	9.11
	用水户协会	222	25.61
	村委会	300	34.60
	其他（未收取水费）	266	30.68
政府对农户是否有用水 补贴或节水奖励	有	56	7.18
	无	724	92.82
农户用水有没有 定额限制	有	43	5.51
	无	737	94.49
有没有明确农户的 初始产权	有	58	7.44
	无	722	92.56
农田水利设施是否量 化为农户的股权	有	18	2.31
	无	762	97.69

从灌溉用水来源来看，来自水库的有 112 户，占比为 11.14%；来自当地河流的有 302 户，占比为 30.05%；来自雨水的有 333 户，占比为 33.13%；来自井水的有 143 户，占比为 14.23%；来自其他的，比如山上泉水等，有 115 户，占比为 11.44%。从灌溉方式看，选择一般灌溉的农户有 516 户，占比为 63.70%；选择低压管灌溉的有 38 户，占比为 4.69%；选择喷管的有 55 户，占比为 6.79%；选择滴灌的有 22 户，占比为 2.72%；选择微灌的有 7 户，占比为 0.86%；选择其他，如不用灌溉，有 172 户，占比为 21.23%。从水费收取方式来看，按亩收费的有 194 户，占比为 24.87%；按作物类型收费的有 92 户，占比为 11.79%；按用水量收费的有 252 户，占比为 32.31%；选择其他的，如不收费的，有 242 户，占比为 31.03%。从灌溉用水存在的问题来看，选择灌溉不及时的家庭有 154 户，占比为 17.87%；选择灌溉用水量不够或过量的有 228 户，占比为 26.45%；选择水的分配不合理的有 225 户，占比为 26.10%；选择其他，如没用过的，有 255 户，占比为 29.58%。从水渠运营维护的资金来源来看，选择收取水费的 174 户，占比为 20.12%；选择"一事一议"方式的有 148 户，占比为 17.11%；选择贷款的有 26%，占比为 3.01%；选择县乡财政支持的有 310 户，占比为 35.84%；选择其他的有 207 户，占比为 23.93%。从灌溉设施及水费的管理主体来看，选择个人承包经营的有 79 户，占比为 9.11%；选择用水户协会的有 222 户，占比为 25.61%；选择村委会的有 300 户，占比为 34.60%；选择其他的，如未收取水费的，有 266 户，占比为 30.68%。从政府对农户是否有用水补贴或节水奖励来看，选择有的家庭 56 户，占比为 7.18%；选择无的家庭有 724 户，占比为 92.82%。从农户用水有没有定额限制来看，选择有的家庭 43 户，占比为 5.51%；选择无的家庭有 737 户，占比为 94.49%。从有没有明确农户的初始产权来看，选择有的家庭有 58 户，占比为 7.44%；选择无的家庭有 722 户，占比为 92.56%。从农田水利设施是否量化为农户的股权来看，选择有的家庭 18 户，占比为 2.31%；选择无的家庭有 762 户，占比为 97.69%。

从以上的分析不难看出，样本中灌溉用水主要来自当地河流和雨水；灌溉方式以一般灌溉为主，不用灌溉的比例也较高，现代化的喷灌、滴灌、微灌等方式仍不多见；水费收取多采用按用水量收费和按亩收费的方式，说明农业水价改革仍需进一步推进，同时不收水费的情况也较多。灌溉用水的最大问题是灌溉用水量不够或过量，其次是用水分配不合理，第三是灌溉不及时；用水量不够或过量可能与农田水利设施有关，用水分配不合理与农田的"细碎化"有紧密联系，各类"插花地"导致上下游相互交错，"搭便车"行为较为普遍是其重要原因。从水渠运营维护的资金来源看，排在首位的是县乡财政支持，其次是收取水费，说明老百姓认为修水渠、管水渠更多是政府的事，不是自家的事，很明显这种用水观点与我们目前推进的农业水价改革有点背道而驰。从灌溉设施及水费的管理主体看，更多的人选择了村委会，其次是用水户协会，由此看来更多村民把管理的重任寄希望于村集体上，希望村集体能够在用水和管水上发挥更大的作用。大部分农户认为，政府对农户没有用水补贴或节水奖励、农户用水没有定额限制、没有明确农户的初始产权、农田水利设施没有量化为农户的股权，由此可以看出我们的农业水价改革至今还没有完全覆盖并惠及更广大的农户。

8.3　参与小型水利工程建设情况

表 8.3 显示了农户参与小型水利工程建设情况。

表 8.3　　　　　　　　　农户参与小型水利工程建设情况

特征	类别	样本数（户）	百分比（%）
参与过小型水利设施修建	是	244	31.28
	否	536	68.72

特征	类别	样本数（户）	百分比（%）
投入小型水利设施修建的方式	没有任何投入	385	49.36
	投义务工	189	24.23
	投材料	57	7.31
	投钱	149	19.10
参与水利设施建设的态度	很支持	193	24.74
	比较支持	355	45.51
	无所谓	202	25.90
	不愿意	18	2.31
	很不愿意	12	1.54
如果您当初不愿意修建，但还是参加了出钱或出工的原因	其他人都同意了	125	38.23
	我不同意不好，村干部做了工作	102	31.19
	专业合作社或用水协会做了工作	44	13.46
	不同意也必须出钱出力	56	17.13
您家没有参与过出工、出材料或出钱修建水利设施的原因	水利设施已经够用了	145	25.89
	没人组织	184	32.86
	经济困难	58	10.36
	组织者不可信	12	2.14
	纠纷不能解决	32	5.71
	水费不合理	38	6.79
	对投资方案不满意	37	6.61
	外出务工没时间	54	9.64
您参与的水利设施是由谁组织修建的	乡镇政府	189	35.33
	村委会	269	50.28
	用水户协会	77	14.39
现在水利设施的维护和保养情况如何	很好	44	9.44
	较好	123	26.39
	一般	224	48.07
	较差	57	12.23
	很差	18	3.86

从参与小型水利设施修建的情况看，参与的有 244 户，占比为 31.28%，没有参与的有 536 户，占比为 68.72%；从投入小型水利设施修建的方式看，没有任何投入的有 385 户，占比为 49.36%，有投义务工的 189 户，占比为 24.23%，有投材料的 57 户，占比 7.31%，有投钱的 149 户，占比为 19.10%；从参与水利设施建设的态度看，很支持的有 193 户，占比为 24.74%，比较支持的有 355 户，占比为 45.51%，无所谓的有 202 户，占比为 25.90%，不愿意的有 18 户，占比为 2.31%，很不愿意的有 12 户，占比为 1.54%；对于"如果您当初不愿意修建，但还是参加了出钱或出工的原因"，选择其他人都同意了的农户有 125 户，占比为 38.23%，选择"我不同意不好，村干部做了工作"的有 102 户，占比为 31.19%，选择"专业合作社或用水协会做了工作"的有 44 户，占比为 13.46%，选择"不同意也必须出钱出力"的有 56 户，占比为 17.13%；关于"您家没有参与过出工、出材料或出钱修建水利设施的原因"，选择"水利设施已经够用了"的有 145 户，占比为 25.89%，选择"没人组织"的有 184 户，占比为 32.86%，选择"经济困难"的有 58 户，占比为 10.36%，选择"组织者不可信"的有 12 户，占比为 2.14%，选择"纠纷不能解决"的有 32 户，占比为 5.71%，选择"水费不合理"的有 38 户，占比为 6.79%，选择"对投资方案不满意"的有 37 户，占比为 6.61%，选择"外出务工没时间"的有 54 户，占比为 9.64%。

综合来看，在参与水利建设的态度上大部分人还是比较支持的。但近年来有近七成的农户没有参与过水利建设，没有参与过出工、出材料或出钱修建水利设施的原因在于没人组织、水利设施已经够用了、经济困难、外出务工没时间等，其中没人组织是首要原因。在参与的水利设施修建由谁组织的问题上，排在第一位的是村委会，其次是乡镇政府和用水户协会。在投入小型水利设施修建的方式上，更多人选择了投义务工，然后是投钱，之所以参加出钱或出工的原因，一是跟着别人走，二是村干部做了工作。关于现在水利设施的维护和保养情况，回答一般的有将近一半左右。

8.4 参与用水户协会的情况

表8.4反映了农户参与用水户协会的情况。

表8.4 农户参与用水户协会情况

特征	类别	样本数（户）	百分比（%）
您家是否参加了用水户协会	是	206	26.41
	否	574	73.59
没有参加用水户协会的原因	当地没有用水户协会	417	72.65
	村里愿意合作成立用水户协会的人不多	67	11.67
	用水户协会在渠道维护上所起的作用不大	21	3.66
	家庭经济困难用水户协会不会给自己带来什么好处	24	4.18
	其他原因	45	7.84
参加用水户协会的方式	主动加入	88	42.72
	村干部要求加入	78	37.86
	周围人都加入，我不加入不好	40	19.42
参加用水户协会的原因（多选）	希望用水分配公平	81	30.22
	少交点水费	75	27.99
	省出不少看水的时间	30	11.19
	灌溉放水可以更及时、可靠	50	18.66
	有专人维护河道，省点力气	30	11.19
	其他原因	2	0.75
您对用水户协会的运行是否满意	很满意	23	11.86
	满意	64	32.99
	一般	85	43.81
	不满意	15	7.73
	很不满意	7	3.61

特征	类别	样本数（户）	百分比（%）
用水户协会（或村委会）账目公开的主要内容（多选）	协会财务情况	61	24.60
	各家灌溉用水量、水费、灌溉面积	103	41.53
	用水计划	48	19.35
	渠道维护计划	35	14.11
	其他情况	1	0.40
您认为用水户协会发展需要政府哪些支持（多选）	政策	151	18.88
	资金	177	22.13
	技术	162	20.25
	人员培训	144	18.00
	帮助建立管理制度	147	18.38
	其他情况	19	2.38

从表8.4中不难发现，调查的样本中有26.41%的农户参与了用水户协会，有73.59%的农户没有参与用水户协会。没有参加用水户协会的原因中，选择"当地没有用水户协会"的有417户，占比为72.65%；选择"村里愿意合作成立用水户协会的人不多"的有67户，占比为11.67%；选择"用水户协会在渠道维护上所起的作用不大"的有21户，占比为3.66%；选择"家庭经济困难用水户协会不会给自己带来什么好处"的有24户，占比为4.18%。在参与用水户协会的方式中，选择"主动加入"的有88户，占比为42.72%；选择"村干部要求加入"的有78户，占比为37.86%；选择"周围人都加入，我不加入不好"的有40户，占比为19.42%。关于参加用水户协会的原因，希望用水分配公平的有81户，占比为30.22%；选择"少交点水费"的有75户，占比为27.99%；选择"省出不少看水的时间"的有30户，占比为11.19%；选择"灌溉放水可以更及时、可靠"的有50户，占

比为 18.66%；选择"有专人维护河道，省点力气"的有 30 户，占比为 11.19%；选择"其他原因"的有 2 户，占比为 0.75%。在"对用水户协会的运行是否满意"选项上，很满意的有 23 户，占比为 11.86%；满意的有 64 户，占比为 32.99%；一般满意的有 85 户，占比为 43.81%；不满意的有 15 户，占比为 7.73%；很不满意的有 7 户，占比为 3.61%。在"用水户协会（或村委会）账目公开的主要内容"选项上，选择"协会财务情况"的有 61 户，占比为 24.60%；选择"各家灌溉用水量、水费、灌溉面积"的有 103 户，占比为 41.53%；选择"用水计划"的有 48 户，占比为 19.35%；选择"渠道维护计划"的有 35 户，占比为 14.11%；选择"其他情况"的有 1 户，占比为 0.40%。在"用水户协会发展需要政府哪些支持"方面，选择"政策"的有 151 户，占比为 18.88%；选择"资金"的有 177 户，占比为 22.13%；选择"技术"的有 162 户，占比为 20.25%；选择"人员培训"的有 144 户，占比为 18.00%；选择"帮助建立管理制度"的有 147 户，占比为 18.38%；选择"其他情况"的有 19 户，占比为 2.38%。

　　总的来看，参加用水户协会的只占少数，大多数农户都没有参加用水户协会，说明现有用水户协会制度并没有得到普遍的推广。对于没有参加用水户协会的原因，超七成的农户认为当地没有用水户协会是主要原因，然后是村里愿意合作成立用水户协会的人不多和其他原因。对于参加用水户协会的方式，主动加入和村干部要求加入的占据多数；关于参加用水户协会的原因，希望用水分配公平、少交点水费、灌溉放水可以更及时可靠是主要原因，对于用水户协会的运行的满意程度，农户普遍反映为一般满意和较满意。各家灌溉用水量、水费、灌溉面积和协会的财务情况是用水户协会（或村委会）账目公开的主要内容。对于用水户协会发展需要的政府支持，资金、技术、政策、帮助建立管理制度、人员培训均较重要，其中资金支持排在首位。

8.5 对水利建设的评价

表 8.5 显示了对水利建设的评价情况。

表 8.5 对水利建设的评价情况

特征	类别	样本数（户）	百分比（%）
您觉得当前的水利设施建设中，政府的投入力度如何	很强	61	9.87
	比较强	129	20.87
	一般	284	45.95
	比较弱	81	13.11
	很弱	63	10.19
您觉得修建水利设施有什么好处（多选）	改善了农业生产条件	369	36.21
	改善了生活质量	319	31.31
	减轻了洪涝灾害的发生	203	19.92
	增加了直接的经济收入	89	8.73
	其他	39	3.83
您觉得建设水利设施值得吗	很值得	185	29.70
	比较值得	246	39.49
	一般	158	25.36
	有点不值得	24	3.85
	很不值得	10	1.61
哪些原因让您觉得修建水利设施不合算	对我没什么用处	120	17.09
	水价不合理	156	22.22
	被其他人占便宜	119	16.95
	管理不善，老化失修	226	32.19
	引起邻里纠纷	81	11.54
您觉得修建水利设施的组织者能力强吗	能力很强	37	6.57
	能力较强	212	37.66
	能力一般	258	45.83
	能力较差	38	6.75
	能力很差	18	3.20

特征	类别	样本数（户）	百分比（%）
您会服从组织者的权威吗	从不服从	10	1.70
	偶尔服从	98	16.67
	不好说	187	31.80
	经常服从	188	31.97
	一直服从	105	17.86
您对如何修建水利工程的意见能起作用吗	起作用	97	16.39
	有一点作用	207	34.97
	不大起作用	191	32.26
	不起作用	97	16.39
您参与过水利工程的组织或管理工作吗	是	84	10.77
	否	696	89.23

从表 8.5 中可知，在"您觉得当前的水利设施建设中，政府的投入力度如何"选项中，选择"很强"的有 61 户，占比为 9.87%；选择"比较强"的有 129 户，占比为 20.87%；选择"一般"的有 284 户，占比为 45.95%；选择"比较弱"的有 81 户，占比为 13.11%；选择"很弱"的有 63 户，占比为 10.19%。在"您觉得修建水利设施有什么好处"选项中，选择"改善了农业生产条件"的有 369 户，占比为 36.21%；选择"改善了生活质量"的有 319 户，占比为 31.31%；选择"减轻了洪涝灾害的发生"的有 203 户，占比为 19.92%；选择"增加了直接的经济收入"的有 89 户，占比为 8.73%；选择"其他"的有 39 户，占比为 3.83%。在"您觉得建设水利设施值得吗"选项中，选择"很值得"的有 185 户，占比为 29.70%；选择"比较值得"的有 246 户，占比为 39.49%；选择"一般"的有 158 户，占比为 25.36%；选择"有点不值得"的有 24 户，占比为 3.85%；选择"很不值得"的有 10 户，占比为 1.61%。在"哪些原因让您觉得修建水利设施不合算"选项中，选择"对我没什么用处"的有 120 户，占比为 17.09%，选择"水价不合理"的有 156 户，占比为 22.22%；选择"被其他人占

便宜"的有119户，占比为16.95%；选择"管理不善，老化失修"的有226户，占比为32.19%；选择"引起邻里纠纷"的有81户，占比为11.54%。在"您觉得修建水利设施的组织者能力强吗"选项中，选择"能力很强"的有37户，占比为6.57%；选择"能力较强"的有212户，占比为37.66%；选择"能力一般"的有258户，占比为45.83%；选择"能力较差"的有38户，占比为6.75%；选择能力很差的有18户，占比为3.20%。在"您会服从组织者的权威吗"选项中，选择"从不服从"的有10户，占比为1.70%；选择"偶尔服从"的有98户，占比为16.67%；选择"不好说"的有187户，占比为31.80%；选择"经常服从"的有188户，占比为31.97%；选择"一直服从"的有105户，占比为17.86%。在"您对如何修建水利工程的意见能起作用吗"选项中，选择"起作用"的有97户，占比为16.39%；选择"有一点作用"的有207户，占比为34.97%；选择"不大起作用"的有191户，占比为32.26%；选择"不起作用"的有97户，占比为16.39%。在"您参与过水利工程的组织或管理工作吗"选项中，选择"是"的有84户，占比为10.77%，选择"否"的有696户，占比为89.23%。

总的来看，超六成的老百姓认为当前政府对水利设施建设的投入力度为一般以上；改善了农业生产生活条件是修建水利设施最大的好处；绝大多数农户认为修建水利设施是值得的；管理不善、老化失修是让农户觉得修建水利设施不合算的首要原因，也就是说在农户的认知里有人修没人管，修了也是白修。其次是农业水价不合理。对于修建水利设施的组织者能力，多数农户认为一般或较强；对于是否服从组织者的权威，一半左右的人还是服从的。对于如何修建水利工程，农户的意见能起一点作用或不起作用；大部分人没有参与过水利工程的组织或管理工作，上面两个问题也说明农户并未真正参与农业用水管理。

8.6　对小型水利设施的需求

表 8.6 显示了农户对小型水利设施的需求情况。

表 8.6　　　　　　　　　　农户对小型水利设施的需求情况

特征	类别	样本数（户）	百分比（％）
现有的水利设施够用吗	完全够用	106	16.06
	基本够用	417	63.18
	不太够用	78	11.82
	不够用	59	8.94
现有水利设施如果不够，其原因是	数量不够、种类单一	177	26.50
	利用率低	216	32.34
	不适应现在的生产方式	70	10.48
	未集中连片、功能发挥不够好	147	22.01
	老化失修	58	8.68
如果修建水利设施需要您家出资，您愿意吗	愿意	202	25.90
	不愿意	578	74.10
如果修建水利设施需要您家出工，您愿意吗	愿意	193	24.74
	不愿意	587	75.26
修建农村小型水利设施，您认为村民集资的比例应该是	10％以下	188	28.53
	10％~20％	191	28.98
	20％~30％	146	22.15
	30％~40％	86	13.05
	40％以上	48	7.28
在您的村子，修水利时不出钱、不出力、白占便宜的现象严重吗	不严重	87	14.60
	不太严重	157	26.34
	一般	253	42.45
	比较严重	79	13.26
	很严重	20	3.36

续表

特征	类别	样本数（户）	百分比（%）
关于修水利过程中不出钱、不出力、白占便宜的问题，您的态度是	便宜不占白不占，反正我不会出钱出力	68	10.99
	有个别人占便宜，我就不会出钱出力	108	17.45
	占便宜的人只要不是太多，我还是愿意出钱出力	259	41.84
	别人占便宜是别人的事，我还是愿意出钱出力	184	29.73
您认为应该由哪些主体对水利设施进行投入（多选）	农户	156	13.55
	村集体	364	31.62
	财政	338	29.37
	民营企业	86	7.47
	专业合作社或用水户协会	147	12.77
	公益组织	60	5.21
哪些因素会让您不太愿意投资水利设施（多选）	工程的产权说不清楚	177	14.53
	组织者没有威信	200	16.42
	对工程没有话语权	145	11.90
	会和别人发生矛盾	207	17.00
	担心今后的维护和管理没有保障	280	22.99
	工程资金有可能被贪污	209	17.16
您希望小型水利设施的投资由谁来组织	乡镇政府、村委会	412	52.89
	用水合作组织	136	17.46
	农民专业合作社	110	14.12
	有需求的农户自己组织	121	15.53
您认为村（社区）内的水利设施应该采取哪种经营方式	承包	144	19.20
	租赁	82	10.93
	建设方经营	108	14.40
	村集体经营	256	34.13
	拍卖给私人	37	4.93
	专业合作社或用水户协会	123	16.40

特征	类别	样本数（户）	百分比（%）
您认为组织修建水利设施的领导成员应该如何产生	村民选举	371	53.38
	村委会安排	169	24.32
	政府任命	120	17.27
	抽签决定	29	4.17
	其他	6	0.86
您认为要建设好水利设施重要的事项	项目的决策制度	198	17.60
	资金的监管制度	386	34.31
	水利设施的产权制度	171	15.20
	组织制度	237	21.07
	水权制度	133	11.82

从表8.6中不难发现，有106户农户觉得现有的水利设施完全够用，占比为16.06%；有417户觉得基本够用，占比为63.18%；有78户觉得不太够用，占比为11.82%；有59户觉得不够用，占比为8.94%。针对现有水利设施不够用的原因，有177户认为是数量不够、种类单一，占比为26.50%；有216户认为是利用率低，占比为32.34%；有70户认为不适应现在的生产方式，占比为10.48%；有147户认为是未集中连片、功能发挥不够好，占比为22.01%；有58户认为是老化失修，占比为8.68%。关于是否愿意出资修建水利设施，愿意的有202户，占比为25.90%；不愿意的有578户，占比为74.10%。关于是否愿意出工修建水利设施，愿意的有193户，占比为24.74%；不愿意的有587户，占比为75.26%。关于修建农村小型水利设施村民集资的比例，有188户认为应在10%以下，占比为28.53%；有191户认为应为10%～20%，占比为28.98%；有146户认为应为20%～30%，占比为22.15%；有86户认为应为30%～40%，占比为13.05%；有48户认为应在40%以上，占比为7.28%。关于"在您

的村子，修水利时不出钱、不出力、白占便宜的现象严重吗"，选择
"不严重"的有87户，占比为14.60%；选择"不太严重"的有157
户，占比为26.34%；选择"一般"的有253户，占比为42.45%；
选择"比较严重"的有79户，占比为13.26%；选择"很严重"的
有20户，占比为3.36%。对待修水利过程中不出钱、不出力、白占
便宜现象的态度，选择"便宜不占白不占，反正我不会出钱出力"的
有68户，占比为10.99%；选择"有个别人占便宜，我就不会出钱出
力"的有108户，占比为17.45%；选择"占便宜的人只要不是太多，
我还是愿意出钱出力"的有259户，占比为41.84%；选择"别人占
便宜是别人的事，我还是愿意出钱出力"的有184户，占比为
29.73%。关于应该由哪些主体对水利设施进行投入，选择"农户"
的有156户，占比为13.55%；选择"村集体"的有364户，占比为
31.62%；选择"财政"的有338户，占比为29.37%；选择"民营
企业"的有86户，占比为7.47%；选择"专业合作社或用水户协
会"的有147户，占比为12.77%；选择公益组织的有60户，占比为
5.21%。关于"哪些因素会让您不太愿意投资水利设施"，选择"工
程的产权说不清楚"的有177户，占比为14.53%；选择"组织者没
有威信"的有200户，占比为16.42%；选择"对工程没有话语权"
的有145户，占比为11.90%；选择"会和别人发生矛盾"的有207
户，占比为17.00%；选择"担心今后的维护和管理没有保障"的有
280户，占比为22.99%；选择"工程资金有可能被贪污"的有209
户，占比为17.16%。关于"您希望小型水利设施的投资由谁来组
织"，选择"乡镇政府、村委会"的有412户，占比为52.89%；选
择"用水合作组织"的有136户，占比为17.46%；选择"农民专业
合作社"的有110户，占比为14.12%；选择"有需求的农户自己组
织"的有121户，占比为15.53%。关于"您认为村（社区）内的水
利设施应该采取哪种经营方式"，选择"承包"的有144户，占比为
19.20%；选择"租赁"的有82户，占比为10.93%；选择"建设方

经营"的有 108 户，占比为 14.40%；选择"村集体经营"的有 256 户，占比为 34.13%；选择"拍卖给私人"的有 37 户，占比为 4.93%；选择"专业合作社或用水户协会"的有 123 户，占比为 16.40%。关于"您认为组织修建水利设施的领导成员应该如何产生"，选择"村民选举"的有 371 户，占比为 53.38%；选择"村委会安排"的有 169 户，占比为 24.32%；选择"政府任命"的有 120 户，占比为 17.27%；选择"抽签决定"的有 29 户，占比为 4.17%；选择"其他"的有 6 户，占比为 0.86%。关于"您认为要建设好水利设施重要的事项"，选择"项目的决策制度"的有 198 户，占比为 17.60%；选择"资金的监管制度"的有 386 户，占比为 34.31%；选择"水利设施的产权制度"的有 171 户，占比为 15.20%；选择"组织制度"的有 237 户，占比为 21.07%；选择"水权制度"的有 133 户，占比为 11.82%。

综合来看，有八成左右的农户认为现有的水利设施够用，对于现有水利设施不够用的原因，利用率低排在首位。如果修建水利设施，超七成的农户不愿意出资出工；如果修建农村小型水利设施，近六成的村民认为集资的比例应在 20% 以下。对于在村子里修水利时不出钱、不出力、白占便宜的现象，大部分人认为不是很严重，有超四成的农户认为占便宜的人只要不是太多，自己还是愿意出钱出力的。近六成农户认为村集体和财政应对水利设施进行投入。在不太愿意投资水利设施的原因上，担心今后的维护和管理没有保障居首位，其次是工程资金有可能被贪污。关于小型水利设施投资的组织者，有超过一半的农户认为是乡镇政府、村委会；关于村（社区）内的水利设施的经营方式，排在首位的是村集体经营，其次是租赁和专业合作社或用水户协会经营；关于组织修建水利设施领导成员的产生方式，村民选举排第一位，其次是村委会安排和政府任命；关于建设好水利设施的重要事项，首要的是资金监管。

8.7　本章小结

　　本章利用笔者所在课题组于 2018 年 8 月组织高校学生进行的全国范围的调研数据，分析了农户家庭的基本情况、家庭农业灌溉用水情况、参与小型水利工程建设情况、参与用水户协会的情况、对水利建设的评价情况、对小型水利设施的需求情况等方面，分析得出如下结论：

　　（1）农户仍是我国农业经济的主体。在我们调查的样本中，耕种面积在 10 亩以下的农户占比较高。可以说，如何带领广大的农户开展农业水价改革，对于顺利推进农业水价改革意义重大。

　　（2）灌溉方式仍以一般灌溉为主。样本中灌溉用水主要来自当地河流和雨水，灌溉方式以一般灌溉为主，不用灌溉的比例也较高，现代化的喷灌、滴灌、微灌等方式仍不多见。

　　（3）不收水费和按亩收费的情况仍较为常见。水费收取多采用按用水量收费和按亩收费的方式，同时不收水费的情况也较多，灌溉用水最大问题是灌溉用水量不够或过量，其次是用水分配不合理，第三是灌溉不及时。

　　（4）农田水利设施的维护资金更多人选择乡财政。从水渠运营维护的资金来源看，排在首位的是县乡财政支持，其次是收取水费。

　　（5）村集体应在农田水利设施和农业水价改革的组织、管理和维护等方面扮演重要的角色，但村集体组织缺位仍较为普遍。从灌溉设施及水费的管理主体看，更多的人选择了村委会，其次是用水户协会。在参与的水利设施修建由谁组织的问题上，排在第一位的是村委会，其次是乡镇政府和用水户协会。关于小型水利设施投资的组织者，有超过一半的农户认为是乡镇政府、村委会。关于村（社区）内的水利设施的经营方式，排在首位的是村集体经营，其次是租赁和专业合作社或用水户协会经营。由此看来更多村民把投资建设、管理维护的重任寄希望于村集体上，希望村集体能够在用水和管水上发挥更大的作用。近年来有近七成的农户没有参与过水利建设，其中没人组织是首要原因。对于修建水利设施的组织者能力，多数农户认为一般或较强；对于是否服从组织者的权威，一半左右的人还是服从的。

（6）农业水价改革仍然任重道远。大部分农户认为，政府对农户没有用水补贴或节水奖励、农户用水没有定额限制、没有明确农户的初始产权、农田水利设施没有量化为农户的股权，由此可以看出，我们的农业水价改革至今还没有完全覆盖并惠及更广大的农户。

（7）当前农田水利设施的维护保养状况令人担忧。调查显示，关于现在水利设施的维护和保养情况，回答一般的有将近一半左右，还有15%以上的农户认为当前的设施状况不是很好。

（8）多数农户未参加用水户协会。参加用水户协会的只占少数，大多数农户都没有参加用水户协会，对于没有参加用水户协会的原因，超七成的农户是因为当地没有用水户协会，其次是村里愿意合作成立用水户协会的人不多。

（9）公平用水是农户参加用水户协会的首要原因。对于参加用水户协会的方式，主动加入和村干部要求加入的占据多数。加入用水户协会的农户希望用水更加公平且及时可靠，也希望能够降低用水费用。对于用水户协会运行的满意度，农户普遍反映为一般满意和较满意，各家灌溉用水量、水费、灌溉面积和协会的财务情况是用水户协会（或村委会）账目公开的主要内容，对于用水户协会发展需要的政府支持，资金、技术、政策、帮助建立管理制度、人员培训均较重要，其中资金支持排在首位。

（10）大部分农民认为修建农田水利设施是有利的，但不愿意出钱出工的较多，他们认为修水利、管水利更多是政府的事。绝大多数农户认为修建水利设施是值得的，改善了农业生产生活条件是修建水利设施最大的好处。有八成左右的农户认为现有的水利设施够用，对于现有水利设施不够的原因，利用率低排在首位；如果修建水利设施，超七成的农户不愿意出资出工；如果修建农村小型水利设施，近六成的村民认为集资的比例应在20%以下。超六成的老百姓认为当前政府对水利设施建设的投入力度一般或较强。近六成农户认为村集体和财政应对水利设施进行投入。这说明农村税费改革以后，想让农民出钱出力开展农田水利建设面临着较大的动员成本。在不太愿意投资水利设施的原因方面，担心今后的维护和管理没有保障居首位，其次是工程资金有可能被贪污。管理不善、老化失修是让农户觉得修建水利设施不合算的首要原因（冉璐，2013），也就是说农户认为有人修没人管，修了也是白修，可见农户对水利设施的维护管理状况是有顾虑的。

第 9 章

我国农业用水合作的
演变、问题及成因

从农业水价改革的角度来看，农业水价只是解决了水的价格有无和形成机制问题，也就是说农业水价应该处于一个什么样的水平；但是真正要发挥价格信号对水资源的优化配置作用，还需要解决农业水价制度如何实施的问题，具体包括：水费谁来收取？如何收取？用水量谁来测量？如何测量？终端水价谁来制定？末级渠系谁来维护管理？如果不解决这些问题，只是出台了水价制度，很明显用水效果、末级渠系管理效果、国家财政资源利用效果将会大打折扣，用水矛盾依然会比较突出。因此，完善现有灌溉管理体制，优化基层灌溉管理体系，发展农业用水合作组织，是解决上述问题、顺利推进农业水价改革的关键一环。

9.1　我国灌溉管理体制发展的历史演变

新中国成立以来，我国水利工程建设取得了非常大的进步，与之相伴随的是我国灌溉管理体制的不断完善和发展，根据各个历史时期水利工程建设管理的重点不同，我国灌溉管理体制的发展大致划分为以下三个阶段：

9.1.1 第一个阶段 (1949~1978 年)：传统的灌溉管理体制

在这一阶段，我国的灌溉管理主要针对大型灌溉骨干工程的建设而进行，国家是投入的主体，不管是骨干水利工程的前期建设，还是后期的维护管理，都由国家的财政资金加以保障。对于大型骨干水利工程的管理，主要采取的是自上而下的垂直管理模式，各级政府在水利部门设立相应的专门管理机构，管理机构的类别比如水利工程管理局、管理处或管理所，主要依据灌区的灌溉规模来确定，各级专业化管理机构主要负责支渠以上水利工程的管理工作。为了吸纳广大的农户参与灌溉管理以及加强对支渠以下的水利工程进行管理，在各级灌区又成立了灌区委员会，灌区委员会主要由水利部门、各级水资源管理单位、农户代表等组成，支渠以下的水利工程主要由支斗渠委员会负责管理。这一时期，国家对小型农田灌溉水利工程的投入相对不足，而且灌区管理主要由各级水资源管理单位具体负责，灌区委员会的作用比较有限。这种体制结构如图9.1所示。

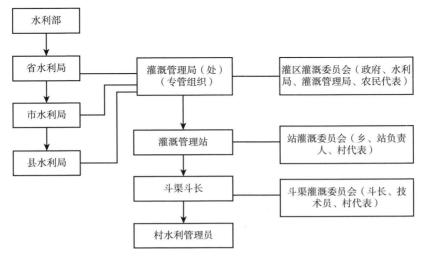

图 9.1 我国传统的灌溉管理体制

9.1.2 第二个阶段 (1979~1994年): 传统灌溉管理体制下的适度调整

新中国成立后的 30 年内，我国水利工程建设取得了巨大的成就，但在运行管理上的投入相对不足，导致水利工程的后期运行维护存在着较大的隐患。党的十一届三中全会以后，我国灌溉管理体制的变化正是伴随着对水利工程的后期运行维护的重视而发生变化。具体表现为：灌溉管理的重心从单纯的建设管理向建设与运行管理并重，从单纯的国家管理向国家、集体和农民共同管理转变。为了弥补水利工程运行维护资金的不足，水利部在《水费计收管理办法》中明确规定，大中型骨干水利工程建设维护所需资金由各级财政和用水户共同分担，小型水利工程建设维护资金原则上由集体经济组织和用水户承担，而且明确将农村集体经济组织纳入政府对水利工程的日常管理体制之中。

9.1.3 第三个阶段 (1995年至今): 基于参与式灌溉管理的管理体制变革

家庭联产承包责任制的推行，让农民有了生产经营权，这对于充分调动农民的生产积极性和主动性起到了至关重要的作用，但同时削弱了农村集体经济组织的影响力，特别是集体经济组织的联产功能开始慢慢退化，"有承包无联产"的现象逐步显现，特别是农村税费改革以后，村集体经济组织失去了原有的经费来源渠道，正常运行出现困难，再加上包产到户的承包经营某种程度上弱化了村集体的所有权，这也导致了村集体经济组织"名存实亡"。因此，将农村集体经济组织纳入传统的管理体制之中，并不能有效解决水利工程特别是小型农田水利工程的建设与管护问题，农田水利基础设施责任主体的转换成为一种新的趋势和要求。

为了争取世界银行贷款项目的支持，我国于 1995 年在湖北省漳河灌区组建了第一个农民用水户协会。该协会积极吸纳用水户参与到灌溉管理，切实增强了用水户的主人翁意识，同时灌区内的诸多小型农田水利设施被移交给当地用水户协会管理和使用，明确了农田水利工程管理的责任主体。在世界银行的要求下，湖南省的铁山灌区同年组建了专门的供水公司，该公司主要负责对灌区骨干水利工程及其渠系的运行管理，这两项举措拉开了农户参与式灌溉管理的大幕。

国家高度重视漳河灌区和铁山灌区实施的农户参与式灌溉管理经验，并在全国范围内启动实施农户参与式灌溉管理模式。作为世行自立经济排灌区要求的两类组织，供水公司由于与现有的水利工程管理单位存在冲突，因此，国家重点强调并推行了农民用水户协会组织。水利部于 1999 年在全国 20 个大型灌区开展农民用水户协会建设试点。水利部联合发改委和民政部于 2005 年发布了《关于加强农民用水户协会建设的意见》，该意见的颁布意味着我国开始在全国范围内大面积推行农民用水户协会建设。数据显示，我国农民用水户协会从 2004 年的 7000 多家增加到 2005 年的 20000 多家，一年间增加了 13000 多家[①]。此后，受多项政策叠加的影响，农民用水户协会的数量呈快速增长态势，截至 2018 年，我国共有 30 个省（自治区、直辖市）开展了农民用水户协会试点，用水户协会数量超过 5 万家（包晓斌，2018）。用水户协会的出现，对村集体经济组织管理维护小型农田水利工程形成了一个较好的替代或补充，变过去群体管理时期农户的被动参与为参与式灌溉管理时期农户的主动参与，理顺了大中小型水利工程的管理体制，使灌溉管理更加科学民主。

---

① 资料来源于中华人民共和国水利部官网（http：//www.mwr.gov.cn/）。

9.2 基于农户参与灌溉管理的
农业用水合作模式

农业用水是指在农业的生产过程中所需要用到的水资源，这类资源性产品在使用上具有"非排他性"和"竞用性"的特点。所谓"非排他性"，是指无法排除用水户不支付费用就可以使用水资源，这会造成越来越多的人不去支付费用，从而造成市场机制失灵；所谓"竞用性"，是指当某些用水户多使用水资源时，其他人特别是下游地区的用水户所使用的水资源就会减少。这类具有"非排他性"和"竞用性"特点的资源性产品又被称为公共资源。公共资源可以完全由政府来提供，也可以通过私有化由市场来提供。综合来看，当前基于农户参与灌溉管理的农业用水合作模式主要有以下三种：

第一，政府主导型。这种模式意味着政府自上而下建立一个统一且高度集权的组织体系，这套严格的组织体系掌握着几乎所有社会资源的配置权力，并且通过将组织的触角深入每一个自然村，从而在乡村社会中形成一种强制性合作的制度约束，这种制度约束力极大地减少了数量众多且分散的农户之间相互讨价还价的交易成本，并大幅降低了"搭便车"行为发生的概率。这套基于政府科层控制的组织体系，一方面可以有效促进农户之间的合作，另一方面明确了公共资源的管理主体，减少了"公地悲剧"的发生，是推进乡村水利治理的关键所在，在建设和管护农田水利工程上发挥了主导性作用。

第二，市场主导型。公共资源的消费，之所以出现"公地悲剧"现象，很重要的一个原因就是，消费的非排他性，也就是不用支付就可以免费使用资源，换言之，消费者消费一单位公共资源产品的机会成本为零，即在市场上卖给其他消费者同样一单位公共资源产品的价格为零。此时消费者之间不会为了消费公共资源而展开竞争，市场是缺乏竞争的。消费的非排他性产生的原因在于产权的界定不清晰，公共资源的产权界定是公共的，而非私人的，因此消费者可以免费使用。如果引入市场机制，将公共资源的产权私有化，就可以有效减少"搭便车"行为和负的外部效应，从而减少水资源的过度使用。就农业用水来说，由于我国农村的土地具有规模小且极其细碎化的特征，将公共资源的产权界定给农户，会面临极高的交易成本，因此，将产权界定给某一类具有利益相关的群体或组织，比如农户参与的用水合作组织，一方面市场本身通过利益联结机制为农户的自愿合作提供了平台，有效解决农民的集体行动难题，另一方面公共资源产权的明晰可以有效提升市场配置水资源的能力和效率。

第三，社会资本主导型。消费者之所以过度地消费公共资源，能够免费地获取公共资源或者消费公共资源的边际成本为零是其中的一个经济层面的原因。从社会心理学的角度来看，消费者之所以想多消费公共资源，主要担心其他消费者多消费，而自己少消费，其社会根源还在于对其他群体成员的不信任，如果消费者完全信任其他人的消费行为，过度消费公共资源的行为可能会消失。正是基于此，奥斯特罗姆（Ostrom）等人于 2008 年将社会资本引入集体行动问题中来。社会资本包含有社会信任、社会声望和社会参与三个要素。社会信任是人与人之间的相互信任程度；社会声望是社会公众对主体行为的一种主观评价；社会参与是行为主体对社会生活的参与和投入程度。这种模式致力于增加社会资本，提升社会成员之间的信任、声望和参与度来构建成员之间的合作机制，而不是通过政府管理或公共资源的市场化来解决集体行动难题。

9.3 当前我国发展农业用水合作组织的主要做法及成效

农民用水户协会是我国现阶段主要的农业用水合作组织。最初它是伴随我国借鉴西方发达国家的灌溉模式而产生，可以说是我国"西方取经"的舶来品。农民用水户协会自 1995 年正式引入我国，距今已有 25 年时间。这二十多年里，我国农民用水户协会的发展大致经历了三个时期：前期摸索时期（1995～1998 年），这一阶段的主要特征是对农民用水户协会的构建和形成过程进行初步摸索；试点推行时期（1999～2004年），这一阶段主要是在全国各地选取典型灌区试点推行用水户协会，为后期的大面积推广积累经验；推广普及时期（2005 年至今），经过前期的探索和试点，农民用水户协会迅速成为目前我国农业用水合作的主要组织形式，也成为我国灌区灌溉管理体制中的重要构成部分。

9.3.1　明确职责分工，有效弥补末级渠系管理主体缺位

在中央和地方各级政府的大力推动下，自上而下层层推动建立用水户协会，并将其纳入各级政府年末考核指标，从而促使用水户协会快速发展起来。在组建农民用水户协会的过程中，各地均设立了专门的建设领导小组，用于统一指挥和协调推进协会的组建工作，紧接着对相关人员进行培训并对广大用水户开展宣传和发动，在划定协会灌溉服务范围的基础上确定各个用水小组，然后从每个用水小组中选出用水户代表，由用水户代表代替广大的用水户参与用水户代表大会，用水户代表大会审议和修订农民用水户协会章程，并依照相关程序选举出用水户协会执委会主席（会长）、副主席（副会长）、成员，协会执委会负责编制每年用水计划、管理维护计划和财务收支计划，制定灌溉用水管理、水费计收使用、财务管理、工程管理等制度，最后到民政部门依法进行登记注册获取法人资格。其中，最重要的一项工作就是赋予用水户协会对末级渠系等水利工程的管理权利，这有效弥补了末级渠系等水利工程一直以来管理主体不明甚至无人管理的问题，初步形成了"政府水利部门—灌区—用水户协会"的三级管理体制，每一级分别担负不同水利工程的建设、运行与管理职能。

9.3.2　实行民主自愿，充分吸纳用水户参与用水管理

在前期宣传动员的基础上，接受农户自愿报名，不强制要求农户参与用水户协会，组织用水户参与用水小组内部用水户代表选举，组织用水户代表开展执行委员会选举，并及时公开选举结果，接受用水户监督；坚持民主管理、集体协商的基本原则，由用水户共同参与末级渠系的建设、使用与管理，实现农户的自我管理、约束与服务；对于用水管理计划、水量测量、水费征收、财务收支、用水奖惩等情况进行及时公示，财务收支清晰明了，用水奖惩证据确凿，确保用水户享有充分的知情权。

9.3.3　公开水费计收，有效弥补水费征收环节监管缺位

长期以来，水资源管理单位收取水费，要经过县、乡镇、村、组四个环节，才能到达农户，由于信息不对称，各环节基于对利益的追逐而极易产生价格加码的现象，建立用水户协会以后，中间环节从四个减少到一个，大大减少了价格加码的概率，而且明确了农业用水的卖方、中间方和买方，再加上水价、水量、水费的公开，特别是农户对终端水价的大小一目了然，水费征收的透明度不断提升，不仅造成用水户的负担大为降低，而且减少了用水户的缴费疑虑，增加了用水户水费的上缴率，为水利工程和用水户协会的正常运行提供了有力保障。

9.4　我国农业用水合作组织发展存在的主要问题及原因

随着农民用水户协会在全国范围内的大面积推广，用水户协会这一

新型组织形式在我国也出现了一些"水土不服"的状况，比如用水户协会建设的规范性、前期资金的投入、人才队伍建设等，这些因素对农民用水户协会的良性发展造成了一些不利的影响。

9.4.1 用水户协会的建设不规范

一是组建程序不规范。具体表现为：未严格遵照用水户协会组建的法定程序，如没有宣传动员用水户、没有固定的活动场所、没有从用水小组内选举用水户代表、没有按规定选举执行委员会主席（会长）、副主席（副会长）、成员、没有依法进行登记注册等。二是管理制度不健全。主要表现为：没有拟定协会章程、没有制定管理维护计划、没有建立财务管理、用水奖惩等制度。

实际上，国家对农民用水户协会建设的具体内容在《关于加强农民用水户协会建设的意见》中已经作了明确规定，但地方政府及相关部门对用水户协会建设的认识不充分，比如民政部门对用水户协会登记注册认识不足，人为增加注册难度，导致用水户协会法人地位迟迟难以落地，基层政府在推进用水户协会建设的过程中，为了完成上级交办的指标任务，名义上挂牌成立了用水户协会组织，但实际上并未真正组建，导致很多用水户协会往往有名无实、流于形式。

9.4.2 用水户协会的权责界定不规范

一是末级渠系等小型农田水利设施未被移交给当地用水户协会管理和使用；二是用水户协会没有水费计收的权力，水费依然由村委会统一征收。

传统的水费收取方式，征收环节多，对于用水户来说存在层层加码、增加用水负担的风险，农村税费改革以后，水费成为基层政府唯一保留的收费项目，用水户协会的成立，实际上是剥夺了基层政府的收费权力，直接串联供水单位和用水户，可以说是侵犯了基层政府（包括村委会在内）的既得利益，很明显会遭到这些既得利益者的反对和抵抗，不移交水费的计收权力就在情理之中了。

9.4.3　用水户参与权和知情权未得到有效保障

调查发现，由于前期宣传培训不到位，部分农户不清楚用水户协会的作用、性质和章程，有农户甚至并不清楚用水户协会的存在，从未参加过用水户代表大会并选举过代表，由于部分协会未及时公布公开水费、水价、水量及财务收支状况，农户对自身的水费支出及用水户协会的财务收支状况一无所知。

用水户参与权和知情权未得到有效保障，可能有以下原因：一是前面提到的地方政府推进不力。二是用水户协会与用水户之间存在着典型的委托—代理关系。用水户协会利用自身所具有的信息优势满足自己的私利，在某些方面隐瞒甚至刻意不让用水户参与并知晓相关情况，进而产生道德风险。三是农户的灌溉利益不一致。有的农户在外务工不在乎农业收入，导致农田荒芜，有的农户的土地所处的水源条件较好，无须利用灌溉工程的水等，这些因素的存在使农户无法形成灌溉共同体，进而不愿意参与用水户协会。四是部分农户存在"搭便车"的心理。由于土地的细碎化，参与用水户协会的农户和没参与用水户协会的农户的地块相互插花，那些没参与用水户协会的农户就可以"搭便车"用水，最终导致谁也不愿意参与用水户协会。

9.4.4　用水户协会缺乏正常运转资金

从调研的情况来看，部分用水户协会缺乏基本的办公经费，办公场所缺乏基本的办公设备，协会工作人员的劳务报酬难以按时发放，对协会的正常运行造成较大影响。

随着农民用水户协会数量的快速发展，协会的前期运转资金往往需要政府的财政扶持，但很多地区的地方政府财力紧张，加上水费计收不顺畅，难以保障本地区用水户协会的正常开支所需资金，进而造成部分用水户协会运行困难、难以为继，对用水户的吸引力下降，同时难以维护小型农田水利工程的良性运行。

9.5　本章小结

新中国成立以来，我国的灌溉管理体制处于不断发展和完善之中，先后经历了传统的灌溉管理体制、传统灌溉管理体制下的适度调整、基于参与式灌溉管理的管理体制变革三个阶段。基于农业用水的公共资源属性，本章首先介绍了当前基于农户参与灌溉管理的三种农业用水合作模式，即政府主导型模式、市场主导型模式和社会资本主导型。然后，探讨了当前我国发展农业用水合作组织——农民用水户协会的主要做法及成效，主要有：明确职责分工，有效弥补末级渠系管理主体缺位；实行民主自愿，充分吸纳用水户参与用水管理；公开水费计收，有效弥补水费征收环节监管缺位等。本章最后分析了我国农业用水合作组织发展存在的主要问题，即用水户协会的建设不规范、用水户协会的权责界定不规范、用水户参与权和知情权未得到有效保障、用水户协会缺乏正常运转资金。

由于将农村集体经济组织纳入传统的管理体制之中，并不能有效解决水利工程特别是小型农田水利工程的建设与管护问题，农田水利基础设施责任主体的转换成为一种新的趋势和要求。20世纪90年代中期，按照世行贷款项目的要求，在湖北省漳河灌区组建了我国第一个农民用水户协会，此后在国家和地方政府的推动下，用水户协会迅速成长为我国主要的农业用水合作组织。但用水户协会毕竟是我国"西方取经"的舶来品。因此，用水户协会这样一个"外来物种"能否适应中国的实际，需要对用水户协会在发达国家应用的前提条件进行综合考量。发达国家的土地规模大而且集中连片，农业用水户少而且多数以农业为主业，基本上不存在"灌溉共同体"缺失和"搭便车"等行为。而我国农地规模小且极为细碎，意味着有很多的分散农户存在，用水户协会在水资源分配利用的过程中需要协调众多农户的利益，才能形成统一的灌溉行为，此时面临着相当高的交易成本，如果农民因为在外务工、自己打井、耕地水源条件好等原因不愿意参加灌溉决策，就会造成灌溉行为丧失统一性，进而破坏整个灌溉系统的顺利进行，同时耕地的细碎化会造成严重的"搭便车"行为，水的上下游相互交织、盘根错节，会大大增加用水纠纷产生的频次，破坏用水公平，最终可能使用水户协会出现"水土不服"的状况，甚至导致农业用水合作体系的瓦解。

第 10 章

农业用水合作模式的案例研究

　　根据小型水利工程所属区域的地理特征、环境条件、经济条件、管理主体、发展绩效、水价机制等因素，我国的农业用水合作模式大致可以分为点上管理模式（包括政府管理模式、社区管理模式、市场管理模式、承租经营模式）和面上管理模式（混合管理模式）两类具体来说共有五种。一是政府管理模式：主要是县区、乡镇水资源管理站作为推进主体；二是社区管理模式：包括"农民用水户协会＋专管员""村集体＋专管员""专业合作社＋专管员""受益者联户共管"等；三是市场管理模式：主要有"供水公司＋用水户协会＋农户"等合作模式；四是承租经营模式，通过与承租者签订租赁合同（或责任书），明确对农业用水的管理以及对相关设施、环境的维护义务；五是混合管护模式：即采用"政府＋供水公司＋农户"等管理方式。

　　本章从全国范围内选取了六个典型地区的农业用水合作实践开展案例分析，试图总结出可以在全国进行大范围推广的农业用水管理模式。这六个案例中，来自东部地区的县（市、区）有1个，来自中部地区的县（市、区）有4个，来自西部地区的县（市、区）有1个；来自欠发达地区的县（市、区）5个；来自山区的县（市、区）有3个，来自丘陵的县（市、区）有2个，来自盆地的县（市、区）有1个。总的来看，所选择的地区基本上涵盖了东中西部地区、欠发达地区以及各类地形地貌的地区，所选择的案例样本具有较强的代表性和典型性，如表10.1 所示。

表 10.1		全国农业用水合作典型模式			单位：万元	
县（市、区）	区域	发达程度	地形	人均地区生产总值	主要模式	
河北省兴隆县	东部	欠发达地区	山区	3.75	水利股份合作社模式	
山西省汾阳市	中部	欠发达地区	盆地	3.68	农民用水户协会合作模式	
江西省兴国县	中部	欠发达地区	丘陵	2.04	多主体一体化合作模式	
河南省内乡县	中部	欠发达地区	山区	2.72	"水务公司＋协会"合作模式	
湖南省双峰县	中部	欠发达地区	山区	2.82	"协会＋专业管护公司"合作模式	
重庆市荣昌区	西部	欠发达地区	丘陵	7.06	合同节水模式	

10.1　东部欠发达山区的个案研究：以河北省兴隆县水利股份合作社为例

10.1.1　基本情况

兴隆县隶属于河北省承德市，该县地势陡峭、山地多、耕地少，全年平均气温在10℃以下，降水由南至北不断增加。兴隆县水资源总量丰富，地表年径流量为7.35亿立方米，主要河流有澂河、柳河等。兴隆县总地域面积为3123平方公里，总人口达32.4万人，2018年全县实现地区生产总值121.5亿元，人均地区生产总值达3.75万元。[①]

---

① 资料来源于《承德统计年鉴（2019）》。

近年来，兴隆县共投入十多亿元开展水利基础设施建设，但重建设、轻管护的现象却一直存在，导致现有水利设施难以得到有效利用。因此，兴隆县政府从体制机制入手，破除管理上的积弊，构建以村组为基本单位的水利股份合作社，初步形成政府部门负责投资建设、农民股民参与的水利股份合作社负责管理维护的运行新机制。目前，全县已成立24家农民用水合作组织，其中，兴隆县大碌洞水利农民专业合作社示范带动作用尤为突出，被评为全国农民用水合作示范组织。

10.1.2　运行模式

兴隆县以大杖子乡高杖子村和半壁山镇大碌洞村为核心区，制定试点方案和工程建设方案，探索建管一体化实施新路径，积极从管理体制机制上寻找突破口，扶持专业用水合作组织发展，开展水利工程产权的确权和移交工作，完善水利工程的管理方式，动员群众全程参与改革试点，探索出"水利农民专业合作社＋股权量化"管水模式，即以"单元工程＋合作社＋农户"组建水利股份合作社，负责农村水利工程管理和运行，提供用水服务。

水利股份合作社实行社员制，由村党员代表、群众代表、受益农户代表对现有的农田灌溉设施，按单元工程进行评估作价，折成股份分配给本单元工程内的受益农户作为集体分配股，农户自愿认缴相应的股金之后成为水利股份合作社的正式社员，合作社筹集的农民股金作为未来发展的基金。

水利股份合作社在县乡两级政府的督促下设立相应的理事会及监事会，理事会对全体社员负责并切实保障社员的基本权益，监事会对合作社的运行、财务等情况进行监督。同时县乡两级政府在项目、税收、土地、人才、融资等方面给予水利股份合作社积极的支持。

10.1.3　配套措施

一是加强组织领导。在县域层面成立了专门的领导小组，构建了县、乡镇、村三级联动机制，定期召开会议讨论工作推进事宜。同时强化考核督促，将工作绩效纳入年度考核指标，县财政每年安排 5 万元预算资金作为改革专项经费。

二是完善顶层谋划。先后出台了《兴隆县农田水利设施改革创新试点实施方案》《兴隆县小型水利工程运行管护经费保障机制及奖补制度》《兴隆县小型水利工程产权发证工作细则》《兴隆县水库管护制度方案》等一系列政策文件。

三是加强水利股份合作社规范化建设。按照"七个一"标准，即建立一套完善的工作制度和运行机制、一支水利管护队、一本账目、一本大事记、一本会议记录、一张村级水利设施示意图、一批水利灌溉精品点，在高杖子村和大碌洞村建设水利股份合作社，并进行规范管理。

四是建立项目的申报、建设与管理机制。以合作社为建设主体，依托农田水利设施维修养护项目，建立"自下而上"的项目申报机制，探索建管一体化实施新路径，积极从管理体制机制上寻找突破口，扶持专业用水合作组织发展，开展水利工程产权的确权和移交等工作。项目在实施前及实施后均对项目建设资金、工程地点、建设方式进行了公开公示。为了确保工程建设质量，选择有责任感且关心村庄事务的村民担任村级质量管理监督员，全程参与工程建设并拍照或录像存档。工程完成后明晰水利合作社作为工程产权主体，并移交、颁证，明确建后管理责任。

10.1.4　分析评价

该模式的成效在于：形成水利股份合作社管理为主，农户个人管理或专业大户管理相结合的管水模式，资产变股权，实现水利工程设施效益最大化，解决项目建设"政府包办"、农民以及社会力量参与性不强、末级渠系缺少管护主体等难题。

该模式存在的问题在于：农民水利股份合作社在组建过程中依靠政府的补贴和农民的认筹资金获得前期的启动资金，但合作社的长期运行和农田水利设施的后期维护资金，还需要依靠自身的水费收入和财政补贴来解决，一旦水费计收和财政支持存在问题，将会对合作社的长远发展产生影响。此外，部分农民对水利股份合作社的运行持观望态度，这直接影响到水利合作社对用水户的吸纳能力。

10.2　中部欠发达盆地的个案研究：以山西省汾阳市的农民用水户协会为例

10.2.1　基本信息

汾阳市隶属于山西省吕梁市，该市地势北高南低，气温和降水偏低。汾阳市水资源并不丰富，地表年径流量仅为8200多万立方米，主要河流有文峪河、峪道河等。汾阳市地域面积为1179平方公里，总人口43.47万人，2018年实现地区生产总值159.78亿元，人均地区生产总值达3.68万元[①]。

汾阳市是全国农田水利设施产权制度改革和创新运行管护机制试点县。近年来，汾阳市积极探索农田水利工程建后管护模式，积极支持以农民用水户协会为主的农业用水合作组织发展，收到比较好的效果。农民用水户协会制定了协会章程，明晰了协会职责，制定了各类规章制

---

① 资料来源于《吕梁统计年鉴（2019）》。

度，提高了农民参与管理的积极性，充分发挥了其在农村水利建设与管理中的效能。

10.2.2　运行模式

10.2.2.1　农民用水户协会的成立流程

首先组建由水资源管理单位、村委会、农户组成的筹备组，然后筹备组对广大农户进行宣传发动和组织培训，紧接着划定协会灌溉服务的范围并确定各个用水小组，然后从每个用水小组中选出用水户代表参与用水户代表大会，用水户代表大会审议和修订农民用水户协会章程，并依照相关程序选举出用水户协会会长、副会长及会员，协会负责编制每年用水计划、管理维护计划和财务收支计划，制定灌溉用水管理、水费计收使用、财务管理、工程管理等制度，并到民政部门依法进行登记注册。

10.2.2.2　协会运作方式

一是村委主要干部牵头广大农民参与的农民用水户协会，便于取得村委支持，协会的安排与村委规划相协调，步调一致。如中寨村农民用水户协会，执委会主席就是由村委主任兼任，工作上更有主动权。

二是由农户组成农民用水户协会，这种模式属共同拥有水利设施的农户（数量不确定），都可根据个人意愿组成协会，共同管理维护相应设施，由于具备一定的协作基础，无论是投工投劳还是自筹维养资金，都能达成一致意见，有效地发挥了协会的能动作用。在机井灌区，这种模式比较普遍。

三是国家公职人员参与的农民用水户协会，主要管理跨村的水利工程设施，由乡镇水利站站长任协会执委会主席，各受益村代表参与，有效解决效率低下的问题，杏花村镇的润禾节水灌溉服务专业合作社管理着杜村、辛庄、官道、窑头、永安3000亩灌溉面积，以前村与村土地面积交叉，不同村之间的村民经常因灌溉用水不公而发生矛盾，组建用水户协会以后，各村选举出自己的代表参与协会对灌溉用水的管理，在水的分配上做到公开透明，并且由专职管水员负责放水，然后安排专人巡渠、接水、浇灌、结算，从此便没有人再去争抢。由于统筹管理，水费也由以前每亩55元下降为50元。

四是国有水资源管理部门参与的农民用水户协会，有效协调了上下游、左右岸的关系，避免水资源使用过程中的纠纷和矛盾，以最大限度地发挥工程效益。由国有水资源管理单位牵头，各村农民用水户协会参与成立总灌区用水户协会，国有水资源管理单位负责干管（渠）的管理维护，受益村农民用水户协会负责支管（渠）及其建筑物的管护维修。

案例：汾阳市中寨村农民用水户协会

肖家庄镇中寨村是吕梁市连续多年的农村"五星级党支部"，也是汾阳首批文明村命名单位，该村位于汾阳市东，全村共有400余户，拥有耕地面积2400多亩，主要种植酿酒高粱、玉米等农作物。2015年，在汾阳市水利局的支持下成立了中寨村农民用水户协会，指导制定了协会章程及相应管护办法。在协会的组织发动下，当年争取市水利局水利工程管护资金42万元，对文峪河七支五斗渠道1000余米进行砌石防渗，贯通了渠系建筑，提高了灌溉效率，冬浇2000亩作物面积全部得到有效灌溉，灌溉周期由原先的15天缩短到13天，水费也由原来的60元/亩减少为55元/亩，该工程的实施进一步改善了全村水利条件。老百姓尝到甜头，生活信心十足，全村呈现出一派欣欣向荣的景象。

资料来源：汾阳市政府网（http://www.fenyang.gov.cn/）。

10.2.3 配套措施

为了鼓励和支持农民用水合作组织的快速发展，汾阳市政府先后出台了一系列政策措施。一是出台《汾阳市鼓励和扶持农民用水合作组织发展的管理办法（试行）》。二是民政部门和市场监督部门积极引导，做好农民用水合作组织登记工作。三是财政部门筹集部分资金专门用于农民用水合作组织建设。四是水利部门在成立农民用水合作组织的地区优先安排水利项目。五是允许农民用水合作组织作为农村水利工程建设项目的"项目法人"实行建管一体化，并可直接获得财政奖补资金支持。

10.2.4　分析评价

该模式的主要成效在于：一是有效解决了农田水利工程建设与管理主体缺位问题。一方面村级水利协会担任工程项目法人，直接参与项目规划、勘测和设计，并选择有责任感的村民全过程参与项目建设，保障工程建设质量，同时明确用水户协会对农田水利工程的管理职责，把支渠以下的农田水利工程的管理主体明确给了用水户协会组织，有效解决了农田水利工程主体不明甚至无人管理的问题。二是有效降低了用水矛盾。用水户协会的成立，让农民用水、交费更加公开透明，这对解决用水纠纷起到了至关重要的作用。

该模式存在的主要问题有：一是协会的组建更多是政府层面在推动，一旦离开政府的支持，协会的正常运行将受到很大影响；二是协会的角色定位仍不清晰，更多扮演上传下达角色，与供水单位地位不对等，难以单独承担用水、管水职能；三是农户对用水户协会的认识不足，部分农户对协会持拒绝或观望态度。

10.3　中部欠发达丘陵地区的个案研究：以江西省兴国县的"多主体建管一体化模式"为例

10.3.1　基本信息

兴国县隶属于江西省赣州市，境内以低山、丘陵为主，气温适宜、雨量充足。兴国县水资源丰富，地表年径流量达 26 亿立方米，县内河流多达 50 条以上，均属于赣江支流水系。兴国县地域面积为 3215 平方公里，总人口 85.65 万人，2018 年实现地区生产总值 174.52 亿元，人均地区生产总值为 2.04 万元。[1]

近年来，兴国县以小型农田项目为契机，将项目建设管理权限赋予村集体、农民用水户协会、新型农业经营主体等主体，由这些主体参与农田水利工程项目申报，承担项目的前期建设与后期管理工作。随着建管一体化的推广，有越来越多的各类主体参与农田水利工程建设管理，真正实现了"自主申报、民主管理"，激发了群众的自觉性和主动性。截至 2018 年，建管一体化项目达到 942 个，项目总投资达 18498 万元，落实管护主体 385 个，落实管护责任人 1080 人。其中，以村集体为主体的有 820 个，占比为 87%；以农民用水户协会为主体的有 96 个，占比为 10%；以新型农业经营主体为主体的有 26 个，占比为 3%。[2]

10.3.2 运行模式

根据"七步工作法"，以村集体、农民用水户协会、新型农业经营主体等为基础推进农田水利工程建设管理一体化进程。

第一步，由多元化主体自下向上进行申报承担工程的建设管理。各类主体的申报材料由乡镇一级的水利部门初步审核，并报县水利部门备案。

第二步，县有关部门对项目进行审查核定，根据年度农田水利项目投资计划，分轻重缓急、择优选定实施项目来批准立项。

第三步，项目由建管主体组织实施，并根据项目投资金额规模采取"一事一议"、公开招投标等形式筛选项目的施工方。

---

[1] 资料来源于《赣州统计年鉴（2019）》。
[2] 资料来源于兴国县政府网（http://www.xingguo.gov.cn/）。

第四步，在施工过程中，根据项目投资金额规模，分别以监理单位、监督理事会、农民义务监督员等形式，对工程建设质量进行监督检查。

第五步，建管主体对项目进行初验合格后，提交验收申请、工程管护协议及有关资料，由县有关部门组成验收小组进行实地验收，核定完成工程量及工程投资等。

第六步，项目验收后，根据奖补标准及完成投资情况，由县水利局核定奖补金额，奖补金额在批复计划投资之内的按核定奖补金额给予奖补，超过的按批复的奖补资金补助。

第七步，项目完工后，及时落实工程产权，财政补助形成的资产产权归属村级集体，其他产权归建管主体。由建管主体落实管护单位及人员，明确其管护职责。

10.3.3　配套措施

（1）放开项目限制，扩宽建管一体范围。放开小型农田水利工程建设限制，将可实施建管一体化的项目范围延伸至各类小型水利工程，如流量小于 100 立方米/秒的水陂、农田灌溉面积在 50～800 亩以内的水渠、装机小于 1000 千瓦的机井及泵站、蓄水量在 10 万立方米以内的山塘等均能实施建管一体化。

（2）简化申报流程，加快工程审批进度。结合小型农田水利工程项目县建管经验，制定了建管一体化项目申报流程。项目申报由实施主体提出申请，经乡镇水务站初审后报县水利局审核，就可以下达计划实施。实施建管一体化的小型农田水利项目，实施主体下移到多元化主体，施工单位的选择需通过乡镇公共资源交易平台，对投资在 10 万元以下的项目可以直接委托，时间大大缩短。如崇贤乡崇义村集体建设的30 米水陂，总投资 7.4 万元，从落实施工单位至工程完工仅用 40 天，比同类型同规模的非建管一体化项目缩短了 100 天左右。

（3）坚持先建后补，强化政府绩效考评。项目完工后，实施主体自验合格后提交验收申请表，同时提交竣工资料（包括竣工图、结算表、工程照等）及工程管护协议。申请经乡镇水务站、乡镇政府复核后上报县级有关部门进行实地验收。建管一体化项目均采用"先建后补、以奖代补"模式，以县水利局、财政局绩效考核结果为依据，核发项目奖补资金。若施工质量、进度达不到要求，则暂不予奖补，待整改到位后再按规定予以奖补；超过规定时间未开工、严重违反建管一体化程序的，则不予以资金奖补。

（4）明晰工程产权，落实运行管护责任。建管一体化项目完工后，由县级人民政府或其授权部门向建管主体颁发产权证和使用权证，证书中明确工程职能、管护范围和权利义务等信息。目前，兴国县已完成3400多处小型农田水利工程的确权颁证工作。在此基础上，工程的产权主体通过签订管护责任书的形式确定管护人员，县有关部门对管护人员进行量化考核，确保工程管护到位，效益正常发挥。

（5）推行"四个一点"，多方筹集管护经费。结合小型农田水利工程维修养护财政奖补试点经验，积极推行"四个一点"筹集管护经费的办法。一是"向上争一点"，积极向上级争取小型农田水利及公益性工程的维养经费补助。二是"县里补一点"，在县级土地出让金、砂石资源管理费、水资源费中按一定比例列支，用于非经营性水利工程的管护。三是"乡村筹一点"，通过动员用水户、种粮大户、社会力量等捐资、赞助机械设备、建筑材料等方式筹资。筹资或筹劳额度则根据工程管护情况通过"一事一议"方式议定。四是"水费收一点"，在产业集中区、现代农业园区、缺水灌溉区实行定量计收农业灌溉水费。农民用水户协会或村委会自行征收水利工程供水水费，并根据工程管护情况支出使用。

（6）全面公开公示，保障公众知情参与。项目立项前，建设单位深入乡镇村组广泛征求项目区群众意见，项目批复后在县政府或相关部门网站、项目所在地张榜公示项目建设规模、地点、形式、投资等内容；

项目村选派村民代表监督施工质量，在项目验收后及时公示项目验收情况。

10.3.4 分析评价

该模式的成效在于：实现了从"四制"向"以奖代补"建设管理模式的转变。对投资规模小的山塘、水陂等农村五小水利工程的建设与维修养护项目，允许受益主体作为项目法人开展工程的建设与管理，政府部门按照"民办公助"方式给予扶持，最终实现了从"要我建"到"我要建"的转变，群众自用、自建、自管的积极性和主动性显著提高。

该模式存在的风险及建议：多元化主体参与的农业用水合作模式能否成功的关键在于受益群众的参与度。群众想建什么、如何管理，如果不让大家来共同决定，考核的过程中不注重收集群众的意见，这样的模式就可能最终不被群众所拥护。因此，哪些工程该建、哪些先建、哪些后建，工程如何管理，都应由群众自主选择；筹资投劳由群众自己组织、自己管理，真正使群众成为建设的主体、管理的主体、受益的主体。

10.4 中部欠发达山区的个案研究：以河南省内乡县"水务公司+协会"合作模式为例

10.4.1 基本情况

内乡县隶属于河南省南阳市，境内多山，为亚热带季风性气候，年均气温和降水量均在河南平均水平之上。内乡县水资源丰富，地表年径流量达8亿多立方米，县内河流共有40余条，均属于汉江水系。内乡县地域面积为2465平方公里，总人口为72.19万人，2018年实现地区生产总值196.14亿元，人均地区生产总值为2.72万元。①

　　近年来，内乡县积极探索公司化建设管理和农民协会管理模式，如内乡县打磨岗灌区是采用自压管道输水的中型灌区，根据灌区管理的实际情况，构建了"灌区管理局＋水利建设投资有限公司＋农民用水户协会"的管理模式，灌区管理独立经营，单独核算，实行水费统一、票据统一、管护体系统一的管理方式，有效解决了一直以来存在的水利工程管理维护难、水费收取难等问题。内乡县自实施"水务公司＋用水户协会"的管理模式以来，不仅实现了农作物的产量和产值比原来将近翻了一番，而且通过协会与农户达成的协议或合同，由协会组织人员灌溉，使农村富余劳动力可以放心地外出务工经商。2014年内乡县东王庄农民用水户协会获得了国家级农业用水合作示范组织的荣誉称号。

10.4.2　运行模式

　　（1）以水务公司为龙头。该县对国有水利工程进行全方位的资产评估，组建了内乡县水利建设投资有限公司，主要负责该县各类水利项目的投融资、建设和管理工作，全县3个中型灌区、10座万人以上水厂都移交水投公司实行企业化管理。

　　（2）以用水户协会为基础。该县以受益的村庄为基本单元成立农民用水户协会，协会的注册登记全权委托灌区管理单位办理，由灌区管理单位向县民政局申请注册，民政局审批通过后，授予用水户协会法人证书。内乡县目前已依法建立30多个农民用水户协会，发展会员单位12000余个。

　　（3）以水价改革为核心。分别测算出灌溉用水、农村饮水和企业用水的供水成本，报县物价局批复后执行，核定灌溉用水每方0.4元、人畜饮水每方2元、企业用水每方0.9元。

---

① 资料来源于《南阳统计年鉴（2019）》。

（4）以分级核算为重点。全面实施计量收费，在支斗渠闸门上安装水表等计量设施 1200 多套。协会对用水农户收取水费，将所收水费交灌区管理局，灌区管理局交给水投公司，水投公司到税务部门照章纳税后，提取 10% 的大修基金，90% 返还灌区管理局，灌区管理局自留70% 用于干支管网的维护，30% 返还协会，用于协会管水人员的误工补贴、田间管网的维护以及移动管网的购置等。

10.4.3　配套措施

（1）加强制度保障。内乡县先后在灌溉管理、财务管理、工程管理等方面出台了多项制度，这些制度对灌区管理单位、水务公司、用水户协会的职能职责做了明确规定。

（2）加快推进现代化灌区建设。灌区初步建成自动化监控系统：一是视频监控系统，检测灌区的安全运行情况；二是气象检测系统，检测降雨量、温度、风速等状况；三是墒情监测系统，系统监控土壤中含水量变化状况；四是管网监测系统，系统监控管道中水流量、管道承受的压力等状况；五是灌溉控制系统，可对灌溉系统实现远程操控。

10.4.4　分析评价

该模式是中型灌区开展农业用水合作的一个典型案例，其成效及亮点在于：首先，协会的注册登记全权委托灌区管理单位办理，由灌区管理单位向县民政局申请登记注册，这可以有效解决用水户协会法人地位不明确的问题。其次，通过水利建设投资有限公司牵头，能够从源头上有效整合资源，减少用水户协会与供水机构的纠纷，形成了完整的用水链条。

该模式存在的问题及建议：要妥善处理水投公司、灌溉管理局、用水户协会和广大农户的利益分配问题；特别是现代化灌区的建设过程中，投资巨大，如果收益不高，公司受损，如果水费较高，农户受损。建议水投公司在成本分摊、费用征收等环节要做到公平、公正、公开。

10.5 中部欠发达山区的个案研究：以湖南省双峰县"协会＋专业管护公司"模式为例

10.5.1 基本情况

双峰县隶属于湖南省娄底市，该县地势西高东低，气温适宜、雨量充足。双峰县水资源充沛，地表年径流量高达 9 亿立方米，拥有河流 50 多条，分属于涟水和湄水两大水系。双峰县地域面积为 1596 平方公里，总人口 82.74 万人，2018 年实现地区生产总值 233.57 亿元，人均地区生产总值为 2.82 万元。[①]

双峰县是全国农田水利设施产权制度改革和创新运行管护机制试点县，以及全国深化小型水利工程管理体制改革试点县。近年来，双峰县积极开展探索实践，创新农田水利工程管护机制，建立了"协会＋专业管护公司"的新模式，即以乡镇为单位组建农民用水户协会，协会再组建专业的维修养护公司，承担辖区内农田水利工程的维修、养护。该模式的主要特点：一是最大限度地发挥农民用水户协会独立法人的作用，实现其自主管理的权利。二是专业管护公司是以市场运作的方式组建，实施单独核算、独立运营、自负盈亏，政府视其业绩通过"以奖代补"的方式给予奖励，公司只能依靠其信誉和业绩求生存，从而使农田水利工程管护真正落到实处。

---

① 资料来源于《娄底统计年鉴（2019）》。

10.5.2 运行模式

该模式的运作流程为：乡镇成立农民用水户协会——乡镇政府将本级管理的农田水利工程委托给乡镇农民用水户协会管理——农民用水户协会组建专业的管护公司，由管护公司承担并实施相关农田水利设施的管护——县、乡镇政府考核并实施绩效奖补。具体来看，主要有以下两个步骤：

第一，建立农民用水户协会。以乡镇为基本单元成立乡镇农民用水户协会，并把乡镇所辖范围内的农田水利工程的建设、管理和维护权限交给用水户协会，由协会负责管理农田水利工程。目前双峰县已在 16 个乡镇建立了用水户协会，在 890 多个村建立了用水户小组。

第二，组建专业管护公司。双峰县选取甘棠镇作为试点区，该镇将所辖 27 个小型水库交给农民用水户协会管理。该协会于 2015 年成立了双峰县为民服务养护有限责任公司专门负责水库的管护工作。该公司注册资金 100 万元，实行单独核算、独立运营，现有员工 13 人，均为聘用制，进行合同化管理，一年一签，工资报酬与劳动贡献挂钩。公司年收入 110 多万元，其中小型水库的管护及干渠清淤费 50 多万元，河道保洁费 30 多万元，公路养护费 32 万元。

10.5.3 配套措施

一是建立了一系列规章制度。为推动"协会＋专业管护公司"模式尽快"落地生根"，双峰县政府先后颁布了《关于加强农民用水户协会建设的实施意见》《双峰县小型农田水利工程建设以奖代补办法》等规范性文件。

二是强化考核监督。由乡镇政府对管护公司进行综合考核，每年年底由县水利局及乡镇视考核情况对管护公司进行奖励。从目前甘棠镇的试点情况看，专业管护公司的考核结果连续多年为优秀，有力地保障了全镇小型水库的良性运行。

10.5.4　分析评价

该模式的主要成效在于：一是明晰了管护主体和管护责任。"用水户协会＋专业管护公司"的运行模式，使农田水利工程的管护由无序分散型管护转变为专业集中管护，改变了过去"政府管不了、集体管不好、农民管不到"的恶性循环局面，真正使农田水利设施的管护落到了实处，提高了效益。二是节约了管护成本。改革前双峰农田水利设施的管护主要是自建自管、受益户共管及放任自流型管护，名义上人人管水，实则人人不管，实行"协会＋公司"的管护模式后，由无序分散治水到专业集中管护，试点区内农田水利工程管护经费由亩平76元下降到42元，大大节约了管护成本。

未来发展的风险在于：由于小型农田水利设施数量多、规模少、分布广、管护难、投资回报低，专业管护公司在实际运作中应因地制宜，以保证公司正常运转为前提，除承包小型水利工程的管护外，还应广开门路，拓展业务，尽可能增加收入，实现良性运行。同时注重专业技术人员的配备，使之真正专业化。

10.6　西部欠发达丘陵地区的个案研究：以重庆市荣昌区的合同节水模式为例

10.6.1　基本情况

荣昌区隶属于重庆市，境内以浅丘为主，气温适宜、雨量充沛。荣昌区水资源十分丰富，地表年径流量达 3.25 亿立方米，主要河流有濑溪河、清流河等。荣昌区地域面积为 1077 平方公里，总人口 71.56 万人，2018 年实现地区生产总值 504.90 亿元，人均地区生产总值为 7.06 万元。[①]

为进一步推进农业水价综合改革试点工作，荣昌区率先提出了合同节水新模式，目前该模式的节水成效已基本呈现。合同节水模式是采取产业大户、农业合作社、农村集体经济组织等与社会资本合作，成立合同节水公司，由合同节水公司进行项目建设、供水服务和建后运行管护，产业大户、农业合作社、农村集体经济组织根据节水效益和项目增收情况向合同节水公司缴纳水费，形成建管一体长效机制。其特点在于政府将水权下达给合同节水公司，由合同节水公司对管理范围内的项目进行管理，政府根据节水和工程运行管理情况拨付精准补贴和节水奖励资金，达到节水的目的，同时建设完成的水利工程能够得到长期有效的运行维护，政府、农民、合同节水公司三方共赢。

10.6.2　运行模式

合同节水模式主要来自农业水价综合改革项目，实施项目的同时同步开展水权分配、水价核定、项目建设、建后管护、水费收取等工作。在选取项目时首先全面审查产业化经营主体的生产经营状况和资信状况，甄别出有实际需求和健康的产业，并对产业发展的节水潜力以及工程未来的效益进行估算；其次由政府对改革项目进行定额补助，项目业主或合同节水公司拿出配套资金进行建设；最后项目建设完成后交由合同节水公司进行管理。

（1）由产业大户、农业合作社、农村集体经济组织等自主申请，所在镇街和相关部门进行初审和复审，选取前景较好的产业进入项目规划。

---

① 资料来源于《重庆统计年鉴（2019）》。

（2）选取实力强的社会资本企业，商定资金投入比例和投资回报率，签订《合同节水协议》，成立合同节水公司。

（3）由合同节水公司拿出项目配套资金，组织工程建设。

（4）项目建成后，合同节水公司取得项目运营管理权，提供供水服务并负责工程管护，产业大户逐年通过节水、节工节劳、节能、节肥、增收等效益向社会资本企业"还本"，缴纳水费"付息"。

（5）产业大户在完全偿还社会资本后，享受供水服务的同时向合同节水公司缴纳水费，形成建管一体长效机制。

10.6.3　配套措施

近年来，荣昌区通过不断探索，出台了多项政策支持措施。一是颁布了《重庆市荣昌区农业水权管理办法》和《重庆市荣昌区水权交易管理实施办法》，文件明确了初始水权分配、水权证颁发以及水权的"三线"控制目标，对规范水权管理发挥了重要作用。二是制定了《重庆市荣昌区农民用水合作组织管理办法》，明确了协会登记注册、协会运作、协会考核等一系列规程，使得用水户协会作为基层水资源管理组织走上制度化、规范化的模式。三是制定《农村水利资产清产核资和量化确权实施办法》，对项目区小型泵站、山坪塘、管渠、蓄水池进行清理登记，委托专业测量机构确定管护范围并确权发证。四是颁布了《农业水价综合改革精准补贴和节水奖励试行办法》，建立了财政奖补机制。五是出台了《重庆市荣昌区水利工程农业用水价格管理办法》《重庆市荣昌区水利工程农业供水水费计收和使用管理办法》，从水价测算和水费收支管理等方面健全了水价机制。

10.6.4　分析评价

该模式的主要优势在于：一是充分发挥财政资金的引领作用，吸引各类社会资本参与项目建设。如荣昌区组建的大禹合同节水公司，就是先由政府前期投入大部分建设资金进行引导，并选择优质产业先行先试，然后吸引社会资本继续跟进。二是明确了工程权属和权责清晰，解决了有人建、无人管的不利局面，建立了长效管护机制，当地政府根据节水和工程管护情况，采取精准补贴或节水奖励对项目业主或合同节水公司进行奖补。如荣昌广顺荣富花椒基地将权属明晰给承包人，由大禹合同节水公司进行管理，减少了人工成本和用水纠纷。三是水商品属性得到有效体现，建立了可行的水价机制，水权制度得到实际应用，达到了节约用水的目的。

未来存在的风险及建议：一是与产业大户进行深入的利益分享，偿还社会资本投入和用于购买水权的利息应该由工程项目盈利带来，不应完全由产业大户承担。二是要强化项目申报的审核，要对产业的经营状况、节水潜力、工程效益、资信情况进行全面的审核，甄别有实际需求和健康的产业，由于此类项目与产业发展针对性较强，要极力避免"产业亡，工程灭"的尴尬境地。三是要完善社会资本的进入和退出机制，合理确定社会资本的回报率，引入银行或社会担保确保企业的收益。四是权责利要明晰，工程产权、工程使用权、运营管理权和管护责任要分别颁证确权，明确各方工作范围和内容，这是工程发挥长久效益的关键所在，特别是在社会资本追逐利益的情况下，经营权和使用权的明晰尤为重要。

10.7 本章小结

本章收集了涵盖东中西部地区、欠发达地区以及各类地形地貌地区的六个不同发展模式的样本作为案例，试图厘清不同地区符合实际的农业用水管理模式，为我国更为精准有效地推进农业合作用水管理提供支撑和借鉴。具体来看，首先介绍了东部地区的一个典型模式，即河北省兴隆县的水利股份合作社模式，然后介绍了中部地区的四种典型模式，分别是江西省兴国县的多主体一体化合作模式、山西省汾阳市的农民用水户协会合作模式、河南省内乡县的"水务公司+协会"合作模式、湖南省双峰县的"协会+专业管护公司"合作模式，最后介绍了西部地区的一种典型模式，即重庆市荣昌区的合同节水模式。这些模式中，有政府主导推动的水利股份合作社模式、"水务公司+协会"合作模式；有社区自主推动的农民用水户协会合作模式、"协会+专业管护公司"合作模式；也有市场主体推动的合同节水模式、多主体一体化合作模式。需要说明的是，项目本身只是一种探索或示范，各地结合自己的实际创造了以上诸多模式，这些模式在实际运行中可以说各有利弊，但这些模式能否在全国推广，还需要时间的检验。

总的来看，不管是哪种模式，开展农业用水合作，关键是调动众多的分散小农户的参与积极性，如果不能让最为广大的农户参与到农业用水合作中，这样的合作模式难免就会脱离合作的本意。

第 11 章

研究结论与对策建议

　　基于当前我国农田水利发展实际和现代农业发展需要，本书首先从农业水价制度的设计与执行两个维度出发，采用文献分析法梳理了当前有关农业水价改革的理论现状，采用比较分析法阐释了我国农业水价制度实施的发展现状，总结了国内外开展农业水价改革的经验，实证分析了农业水价改革的节水效应假说；然后，运用农业经济理论、价格理论探索了农业水价的形成机制及农业终端水价的定价模式，并以重庆为例研究了我国水利工程供水价格情况，运用问卷调查法从农户层面对我国农业水价改革情况进行了微观分析，运用组织行为理论等探讨了我国农业用水合作的发展演变、问题及成因，并采用案例法分析农业用水合作的主要模式；最后提出了深化农业水价改革、创新农业用水管理的对策建议。

11.1　研究结论

　　第一，开展农业水价研究有必要对现有的研究状况进行梳理。从历史背景来看，政府和用水户分工开展水利工程建设有其历史上的渊源，不管是政府投入减少，还是用水户投入减少，都会导致水利工程建设受阻。部分学者的研究表明,1978年家庭联产承包责任制在中国的实行使得政府机构组织和动员农民去建设维护公共灌溉基础设施难度加大,特别是农村劳动力大量转移以及农村税费改革以后,农民对末级渠系的维修养护投入急剧减少,这也是灌溉系统不断恶化的重要原因。水价改革的提出正是基于这样一个大的背景,希冀通过水费的收取来弥补劳动投入的减少。研究农业水价,需要在价格的构成要件、定价模式、水费计收方式、水价分担等进行深入剖析,关于农业水价的构成要件,主要有"累进水价论"和"综合水价论"两类观点,部分学者还提出了季节性梯度水价和两部制水价的思想,关于农业水价的定价模式,国内外学者分析了"服务成本+用户承受能力"定价、"服务成本+完全市场"定价、"全成本+用户承受能力"定价、用水户承受能力定价等模式,关于农业水费的计收方式,学者们分析了定量和非定量两类方法的利弊,关于农业水价的分担机制,更多学者强调了财政分担的必要性及主要方式。关于农业水价的改革效应,国内外研究重点讨论了农业水价改革对农业节水、农田水利工程良性运行、农业增长、农民增收的影响方向和影响大小;普遍的研究结论表明农业水价对农业节水、农田水利工程良性运行、农业增长、农民增收等方面具有正向效应,但效应大小不一。关于农业水价改革的路径选择及优化,学者们在供水计量设施建设、水权制度和水市场建设、农业用水组织建设、小型农田水利工程产权制度改革等方面提出了有较强针对性和可操作性的对策措施。总的来看,国内外学者对农业水价制度的演变、构成、定价模式、实施方式与路径、作用效果等方面进行了广泛的理论探讨和实践总结。但现有的研究也还存在诸多局限,需要在研究对象、理论框架、研究方法、研究视角等方面有所突破。

第二,农业水价制度改革在我国经历了从无到有、从低标准到合理反映用水成本的发展过程,这些变化历程大致可以划分为四个阶段,即无偿用水阶段、征收水费阶段、实现由"水费"向"水价"的转变阶段、大力推进农业水价改革阶段。在国家的统一部署下,各省(自治区、直辖市）快速响应、大力推进，目前已有30个省（自治区、直辖市）出台了实施方案，在实施方案中各省（自治区、直辖市）确定了各自农业水价制度改革的发展思路、总体目标、水价形成机制、激励机制、考核监督机制、补贴机制、组织体系等内容。但我国农业水价改革仍不到位，"以水养水"的价格机制还没有完全形成，农田水利工程的管护主体缺位，产权制度及经营制度改革还需进一步深化，计量设施缺乏且计量方式单一，这些问题的存在会严重制约我国农业水价制度改革的快速推进。

第三，如何推进水价改革，国内外典型国家和地区已经进行了一定的探索。在农业水价的形成机制方面，由于各国社会经济发展水平和水资源禀赋不同，所采用的水价制度也不尽相同，既有从用水户承受能力的角度进行定价的国家，也有从供水成本的角度进行定价的国家，还有两者兼顾进行综合定价的国家。在政府的财政补贴方面，各国主要采取信贷支持、利息减免、财税支持等方式。国内典型地区主要集中于试点示范地区，这些区域在水利部等部委和当地政府的推动下，将农民用水户协会建设与农田水利工程产权制度改革相结合，将末级渠系改造与灌区智能化建设相结合，探索建立农业水价制度体系，包括制定科学合理的农业终端水价、完善多样化的农业水价分担机制，建立健全农业水价的差别化调节机制。这些国内外经验对我国的启示在于：农业水价的制定，一方面要兼顾农户对水费的承受能力，另一方面政府应对水价给予相应的补贴；末级渠系改造、农田水利工程产权制度改革与农业用水管理三者应统一加以推进。

第四，从外部来看，农业用水量的减少主要来自非农业领域的竞争，比如城镇用水和工业用水的增加。城镇化水平的不断提升，导致城镇人口不断增加，城镇用水量会发生较大幅度的上升，而工业化的推进也会消耗水资源，但是，城镇化和工业化的快速推进所引致的用水量增加并不能完全解释农业用水量的减少，因为全国用水总量在这一时期也出现了较大幅度的增加。所以我们还需从农业内部的用水情况来分析农业用水量的变化。灌溉是水在农业领域的最主要用途，灌溉用水量等于农田灌溉面积乘以亩均用水量，由于农田灌溉面积在逐步增加，因此农田灌溉用水量的减少应归因于农田灌溉亩均用水量的减少。农业种植结构的调整（如"水改旱"）和农田灌溉水有效利用率的提升，可以解释这种减少。而水价改革以及由此带来的用水分配中的成本提高是农作物"水改旱"和灌溉水有效利用率提升的重要原因。按照这样的逻辑推理提出我们的假说，即农业水价改革带来了农业生产的节水效应。本书采用全国 52 个区县 2012～2016 年的面板数据，利用多期双重差分法对农业水价改革是否促进了地区农业节水进行了实证研究。研究发现，实施农业水价改革试点的区县能够显著地减少地区的农业主要粮食作物的耗水量，这一结果在进行平行趋势检验、反事实检验和单重差分法检验等多项检验以后依然稳健存在。并且，水稻的节水效应，要依次高于小麦和玉米。这一发现告诉我们，未来节水的潜力在于粮食作物特别是水稻的生产上。从影响因素来看，天气、气温等自然环境对农业耗水量影响明显，工业化的推进，会对农业耗水量形成一定的挤压效应，特别是缺水地区的工业发展必然会与农业争水，城镇化率和政府支出规模对当地的农业节水效应并不显著，可能与该地区农业人口到区县外务工，以及水价改革配套资金支持主要来自省市一级财政有关。

第五，通过界定农业水价的概念及其理论基础、农业用水差别化定价的基本原理，为开展农业水价的定价提供了一个很好的基础。农业水价是农户在农业生产过程中使用水资源的最终价格，即农业终端水价。笔者认为，应坚持市场与政府共同发力，充分发挥价格在农业水资源配置中的决定作用以及更好发挥有为政府作用，从供给和需求两端综合考虑水利工程供水成本和农民承受能力，构建科学合理的农业水价形成机制和成本分担机制，逐步建立差异化的水价制度，以促进农业节水和现代农业发展。本书以重庆市纳入国家农业水价综合改革示范区的彭水县和忠县为例，重点介绍了"运行成本＋用户承受能力"的定价模式，分析表明：彭水县和忠县两地农业水价的差异主要来自水利工程运行成本，忠县包含水利工程运行成本，所以水价较高，约为 0.22 元/立方米，比彭水县高 0.12 元/立方米。但忠县的末级渠系的运行成本较低，仅为 0.05 元/立方米，相当于彭水县的 41.67%，其原因在于忠县的平均灌溉规模要明显大于彭水县。本书还探讨了农业水价的定价策略，目前水利工程供水价格可以由政府来定价，末级渠系供水价格在政府部门的指导下由农业用水合作组织或农户协商定价，后期可逐步过渡到根据供求变化的市场定价，同时还应积极实施分类定价、大力推行超定额累进加价制度、有选择地实施浮动制水价，但也需要建立合理的水价分担机制，即建立以城带乡机制、以经补粮机制、以多补少机制和财政分担机制。

第六，水利工程供水价格是农业水价的重要组成部分，其高低直接决定着农业终端水价的大小。本研究以重庆市为例，阐述了水利工程水价的基本概念、定价方式、类型和构成，探讨了当前水利工程水价的现状及存在的问题，分析了水利工程水价改革的基本思路和实施路径，得出如下结论：一是不同地区不同类型水库的供水价格存在一定差异；农业用水价格虽然有收取标准，但农业水费实际收取率不足 15%；水库的非农业供水价格考虑了社会承受度，未反映水供求关系，少数水库的非农业用水价格接近保本、微利水平。二是由于财力限制、制度不完善、硬件设施投入不足等因素的存在，重庆市水利工程供水价格运行机制尚未真正建立起来，难以有效保障水利工程的良性运行和实现水资源的优化配置。非农业用水价格存在水价制度不完善、水价调整机制不健全、水利工程分类定价机制不健全、低水价与高运行管护成本的冲突等问题；农业用水价格存在供水成本补偿缺口大、传统农业水费计收难度大等问题。三是推进水利工程供水价格改革，应根据供水对象及其承受能力的不同，对水利工程供水价格进行分类指导，实施差异化水价制度和水价动态调整机制，完善水利工程水价形成机制。

第七，本书利用笔者所在课题组于 2018 年 8 月组织高校学生进行的全国范围的调研数据，分析得出如下结论：农户仍是我国农业经济的主体。如何带领广大的农户开展农业水价改革，对于顺利推进农业水价改革意义重大。灌溉方式仍以一般灌溉为主。样本中灌溉用水主要来自当地河流和雨水，灌溉方式以一般灌溉为主，不用灌溉的比例也较高，现代化的喷灌、滴灌、微灌等方式仍不多见。不收水费和按亩收费的情况仍较为常见。水费收取多采用按方收费和按亩收费的方式，同时不收水费的情况也较多，灌溉用水最大问题是灌溉用水量不够或过量。村集体应在农田水利设施和农业水价改革的组织、管理和维护扮演重要的角色，但村集体组织缺位仍较为普遍。更多村民把投资建设、管理维护的重任寄希望于村集体上，希望村集体能够在用水和管水上发挥更大的作用。农业水价改革仍然任重道远。大部分农户认为，政府部门对用水户没有给予奖励或补贴，用水户没有定额限制，也没有明确农户的初始水权，农田水利设施没有量化为农户的股权，由此可以看出，我们的农业水价改革至今还没有完全覆盖并惠及更广大的农户。多数农户未参加用水户协会。对于没有参加用水户协会的原因，超七成的农户是因为当地没有用水户协会，其次是村里愿意合作成立用水户协会的人不多。公平用水是农户参加用水户协会的首要原因，同时，他们也希望能够降低用水费用。对于参加用水户协会的方式，主动加入和村干部要求加入的占据多数。对于用水户协会运行的满意度，农户普遍反映为一般满意和较满意，各家灌溉用水量、水费、灌溉面积和协会的财务情况是用水户协会（或村委会）账目公开的主要内容，对于用水户协会发展需要的政府支持，资金、技术、政策、帮助建立管理制度、人员培训均较重要，其中资金支持排在首位。

第八，开展农业用水合作是顺利推进农业水价改革的关键一环，发展农业用水合作组织是优化我国现有灌溉管理体制的重要内容。新中国成立以来，我国的灌溉管理体制处于不断发展和完善之中，先后经历了传统的灌溉管理体制、传统灌溉管理体制下的适度调整、基于参与式灌溉管理的管理体制变革三个阶段。由于将农村集体经济组织纳入传统的管理体制之中，并不能有效解决水利工程特别是小型农田水利工程的建设与管护问题，农田水利基础设施责任主体的转换成为一种新的趋势和要求。20世纪90年代中期按照世行贷款项目的要求，在湖北省漳河灌区组建了我国第一个农民用水户协会，此后在国家和地方政府的推动下，用水户协会迅速成长为我国主要的农业用水合作组织。但用水户协会毕竟是我国"西方取经"的舶来品，仍存在建设不规范、权责界定不清晰、用水户参与权和知情权未得到有效保障、用水户协会缺乏正常运转资金等难题，分析这些问题产生的原因，需要从地方政府及相关部门对用水户协会建设的认识和执行、基层政府的利益诉求、用水户协会可能会存在的道德风险、用水户的"搭便车"行为以及地方政府财力等多个维度进行综合考量。

第九，通过收集涵盖东中西部地区、欠发达地区以及各类地形地貌地区的六个不同发展模式的样本作为案例，试图厘清不同地区符合实际的农业用水管理模式，为我国更为精准有效地推进农业合作用水管理提供支撑和借鉴。这些模式中，有政府主导推动的水利股份合作社模式、"水务公司＋协会"合作模式；有社区自主推动的农民用水户协会合作模式、"协会＋专业管护公司"合作模式；也有市场主体推动的合同节水模式、多主体一体化合作模式。水利股份合作社模式解决了项目建设"政府包办"、农民以及社会力量参与性不强等难题，但合作社的长期运行和农田水利设施的后期维护资金，将会对合作社的长远发展产生影响；"水务公司＋协会"合作模式有效解决了用水户协会法人地位不明确等问题，但应妥善处理水投公司、灌溉管理局、用水户协会和广大农户的利益分配问题；农民用水户协会合作模式有效解决了农田水利工程建设与管理主体缺位等问题，但协会的角色定位仍不清晰，更多的是扮演上传下达的角色，与供水单位地位不对等，难以单独承担用水、管水职能；"协会＋专业管护公司"合作模式明晰了管护主体和管护责任，节约了管护成本，但专业管护公司在实际运作中应因地制宜，以保证公司正常运转为前提；合同节水模式充分发挥了财政资金的引领作用，吸引各类社会资本参与项目建设，解决了有人建、无人管等问题，但应建立与产业大户的利益分享制度，完善社会资本的进入和退出机制；多主体一体化合作模式完善了"以奖代补"制度，允许受益主体作为项目法人开展工程的建设与管理，实现了从"要我建"到"我要建"的转变，但需要高度重视受益群众的参与度。需要说明的是，项目本身只是一种探索或示范，各地结合自己的实际创造了以上诸多模式，这些模式在实际运行中可以说各有利弊，但这些模式能否在全国推广，还需要时间的检验。总的来看，不管是哪种模式开展农业用水合作，关键是调动众多分散小农户的参与积极性，如果不能让最为广大的农户参与到农业用水合作中来，这样的合作模式就会脱离合作的本意。

11.2　对策建议

推进农业水价改革，既涉及水价制度的制定，又涉及水价制度的实施。前面章节我们讨论了水价制度制定的策略，接下来我们重点就如何推进水价制度提出建议。在水价制度的实施过程中，既要解决前期巨大的资金投入，又要解决后期运营资金缺口，还要降低农民水费负担，并且要协调和处理政府部门、水资源管理单位、农业用水合作组织以及农户之间的多重权责利关系，确实是一个系统工程。基于以上分析及相关结论，需要从组织建设、征收管理、设施建设、产权安排、配套政策等五个方面加以综合推进。

11.2.1　培育壮大多元化农业用水合作组织

11.2.1.1　培育壮大农民用水户协会

一是加强用水户协会规范化建设。在总结梳理各个农业水价综合改革试点区县农民用水户协会、适应农业产业化需要且自发组建的农民用水户协会、与农村安全饮水工程配套成立的用水户协会建设经验的基础上，从协会性质、成员构成、组建审批程序、组织构架及治理结构、权利义务、运行规则、财务管理等方面规范农民用水户协会发展，把是否实际参与小型农田水利设施建设、管理和维护作为用水户协会审批的前提条件。鼓励村委会主要班子成员兼职用水户协会工作。二是加强对农民用水户协会在水利工程建设过程中的技术指导和服务。三是加强原有农村安全饮水协会与农业用水户协会的整合力度，促进其融合发展。四是建立县（市、区）、乡镇、村三级协会体系，完善各级协会功能，其中，县（市、区）、乡镇两级协会是服务主体，其职能主要是协调、规范用水链条上各类主体的关系和行为，并提供相关咨询服务；村一级用水户协会是运营主体，其职责主要是建设、管理和维护各类农田水利设施（黄晶晶，2014）。五是加大对农户的宣传发动力度，对用水户协会的组建过程进行严格监督，调动众多分散小农户的参与积极性，让最为广大的农户参与到农业用水合作中来。

11.2.1.2 重建再造集体经济组织

家庭联产承包责任制的推行，让农民有了生产经营权，但同时削弱了农村集体经济组织的影响力，特别是集体经济组织的联产功能开始慢慢退化，"有承包无联产"的现象逐步显现，用水合作是联产的重要功能之一，过去农民的集体性投工投劳有力地保障了农田水利工程的供给，但现在这项功能在农村税费改革以后几乎已经消失了。由于农村集体经济组织从乡村共同生产性事务中退出，导致国家花巨资修建的大水利无法面对成千上万分散的小农户，从而使大水利的功能和作用难以得到有效发挥，因此我们常说的农田水利"最后一公里"不是工程问题而是组织问题（贺雪峰，2013）。事实上我们的调查也显示，对于谁来开展农田水利工程的建设、管理和维护以及谁来收取水费等问题，农户的首选还是村集体。

村集体经济组织如何提升其从事用水合作等农村共同生产性事务的能力，切实增强村集体经济实力是关键。其原因在于，当前农村青壮年劳动力大量外出务工，剩下的多为老人、小孩和妇女，现阶段的农村劳动力结构和以前相比发生了很大的变化，如果村集体按传统方式组织农民投工投劳建设水利工程，面临两个问题：一个是劳动力数量短缺，另一个是劳动力质量不足。与此同时，农村的机械化水平不断提升，而机械可以有效替代人工，在水利工程的建设、管理和维护上，可以更多地使用机械，但机械的投入意味着资本的投入，意味着村集体经济实力的提升。

提升村集体经济组织的经济实力，重在造血能力的培育，在于充分挖掘自身的要素禀赋优势，并且将禀赋优势转化为竞争优势和经济优势。村集体的资源禀赋主要有山、林、水、田、路等资源和村级集体固定资产，盘活村集体经济的关键在于盘活这些资源和资产，采取返租倒包、合股经营等方式开发利用集体资源和资产，释放集体经济潜力。村集体还可以通过集体土地入股、参与服务管理入股等方式，与社会组织合作开辟集体经济发展新路径。

11.2.1.3　培育用水服务专业合作社

与农民用水户协会类似，用水服务专业合作社也是一种农业用水合作组织。用水服务专业合作社可以为农户、新型农业经营主体等提供专业化的灌排服务、灌溉技术服务和信息服务等。培育发展用水服务专业合作社可以从以下几个方面着手：一是引导有意愿、有能力提供农业用水专业服务的城镇供水企业、水资源管理单位、家庭农场、专业大户、农户等主体共同组建农民用水服务专业合作社。二是支持农民专业合作社兼挂农民用水服务专业合作社牌子，并按照用水户协会的要求进行管理。三是制定相关规范，完善管理制度。四是给予与农民用水户协会同等的待遇和法人地位。五是支持开展"用水服务专业合作社+股权量化"管水模式，按单元工程进行评估作价，折成股份分配给本单元工程内的受益农户作为集体分配股，农户自愿认缴相应的股金之后组建水利股份合作社。

11.2.2 加强农业水费征收管理和监督

11.2.2.1 进一步明确水费计收主体，规范水费计收行为

一是明确用水户协会的水费计收主体地位，乡镇不再作为代收主体，推广计量收费方式，逐渐取消按亩收费方式。二是在暂不具备成立用水户协会的地区，可由乡镇水资源管理单位委托村集体组织代收。三是严格水费收取票据管理。用水户协会收取水费过程中要向农民用水户开具专用票据，注明水费单价及总额和计收方式。四是推行供水证（卡）制度，确保用水户人手一卡，用水户协会要及时公开用水户的"水价、水量、水费"信息。

11.2.2.2 加强农业用水监管

一是上级政府部门要加大对用水户协会的监督力度，定期对用水户协会的财务状况进行审查；二是建立健全农户监督用水户协会的途径和方式；三是在大中型灌区条件成熟时成立水政监察队，并设立举报电话；四是进一步规范水费使用管理制度。水费应主要用于末级渠系的管理维护，不得随意挪作他用，水费的使用必须做到公开、透明，重大支出项目需要经过会员代表大会同意，开支细则须及时对外公布。

11.2.3 加强农田水利基础设施建设和维护

一是统一规划与布局灌区水利基础设施建设，统一技术标准和质量要求，明确责任分工和建设内容，水利部门及水资源管理单位负责水源工程、干支渠等水利设施建设，农业用水合作组织及用水主体参与干支渠以下的水利设施建设。二是加快斗渠、农渠和毛渠等末级渠系建设和维护，完善已建水源工程到田间地头的输水设施，重点加强已有渠道的衬砌和防渗处理、加快加压泵站的输水管道（如PE输水管道）建设等。三是加强配套计量设施建设，在渠道输水的提水泵站出水口、支渠进水

口、田间毛渠出水口等处设置自动测流仪等计量设施，在管道输水的主、支管道连接处安装闸阀井、计量水表、用水桩等计量设施，在田间地头安装流动水表等计量设施。

11.2.4 深入推进农田水利设施产权制度改革

一是深入开展小塘坝、小泵站、小渠道、小水池、小水窖、小水闸等小型农田水利设施产权制度改革，这一部分设施数量众多，由于长期未使用，原有设施界限很多已非常模糊，目前需要加快对这一类设施的确权工作，因为很多农户将这类界限模糊的水利设施当作自家的耕地，日后再来确权会面临不少的矛盾纠纷，现阶段应尽快按照原址的范围确定水利设施的界限，并且确权给村组集体或农民用水户协会，明确其管护责任。二是对于主要承担农业灌溉的小型水库［如小（二）型水库］，由于大部分是过去农民投工投劳建成的，按照"谁投资谁所有"和属地化原则，应确权给当地的村组集体，并转化为集体股权，量化给受益农户。三是对于近年来新建的末级渠系及配套计量设施，应确权给农民用水户协会或村组集体，明确其管护责任。四是加快农田水利设施确权后的颁证工作，以进一步赋予确权主体合法身份。

11.2.5 积极完善相关配套政策

一是进一步完善政府的补贴方式。坚持"民办公助"基本原则，充分发挥财政资金的"种子"作用，引导更多社会资本参与到水利设施的建设中来，进一步完善"先建后补、以奖代补"补贴方式，重点补贴材料、设备、仪器等硬件设施建设。完善补贴资金的来源渠道，整合从粮食生产能力建设、小流域治理等各类上级部门批复下来的资金，捆绑使用，集中用于末级渠系及配套计量设施建设。

二是设立小型农田水利设施维修基金。近年来国家投巨资开展了农田水利设施的新建或改建，这类设施建好以后最大的问题在于后期的管理和维护工作，鉴于目前水费收取率不高，短期内难以满足大量设施维护的资金需求，因此可以考虑在全国层面设立小型农田水利设施维修基金账户，做到专款专用。筹措基金来源不能只局限于水利资金，应多渠道筹集。其中，地方各级财政按比例共同分担，省级基金重点解决大中型灌区骨干水利工程的建设和维护问题；省级以下基金重点解决小型灌区水利工程的建设和维护问题。

三是支持各类农业用水合作组织发展政策。对于农民用水户协会，从试点地区的调查情况看，水费收取困难主要发生在组建的第一年，因此对协会的补贴应在成立后的 1 年内，主要用于直接材料、工作人员工资等方面的支出，可以采取循序渐进的补贴方式，当前主要针对试点地区的用水户协会或授牌的示范协会，后期可以根据运行情况的好坏逐步扩大补贴范围。另外补贴的标准可以根据水价的一定比例作为基数来确定。对于用水服务专业合作社，可以比照农民用水户协会进行政策扶持。

四是深化地块调整政策。土地的分散化和细碎化，是造成农业用水合作困难的最直接原因。过去由于不同土地在地力、水源等自然条件上差异，为了兼顾公平，采取了肥瘦搭配、远近搭配等的平均分配方式。从目前来看，随着科技的发展，机械、电力等技术的普及逐步克服了各类不利自然条件带来的影响，使地块的集中化、连片化调整成为可能。因此建议国家在开展新一轮土地承包时依据适度规模经营原则进行连片发包，目前可以支持村集体创新土地流转机制，如领办土地股份合作社等，推进土地的集中连片经营。

五是支持工程供水企业的相关政策。目前，工程供水主要来源于水资源管理单位和水务公司，这两类主体都有财政的"两费"（人员经费和维护经费）兜底。但水务公司除了承担传统工程设施的管理和维护功能外，还承担着水利资产的保值增值功能，因此，需要给予水务公司一定的政策扶持，如保障水务公司用地需求、增强水务公司融资能力、加大水利工程建设的贷款贴息或免息力度、支持水务公司发展涉水产业等。

六是加大政府对社会化水事服务的购买力度。当前的社会化水事服务组织主要有灌溉工程设施维修公司、节水灌溉技术服务组织等。这些组织主要提供专业化的水利工程设施维护、工程技术咨询、设备租赁等社会化服务项目。考虑到农业用水的公共资源属性以及扶持这类社会组织发展的需要，可以改变传统的政府包揽做法，加大对社会化水事服务的政府购买力度，支持"用水户协会或用水服务专业合作社 + 社会化水事服务组织"的发展模式，填补水利设施管护资金缺口，切实提升政府的公共服务效能。

参 考 文 献

［1］包晓斌．高效节水是保证我国农业水资源可持续利用的根本出路［J］．中国水资源，2018（6）：30－32.

［2］蔡荣．管护效果及投资意愿：小型农田水利设施合作供给困境分析［J］．南京农业大学学报（社会科学版），2015，15（4）：78－86.

［3］曹金萍．节水目标下的农业水价改革研究［D］．泰安：山东农业大学，2014.

［4］曹云虎，陈华堂．农业水价综合改革若干政策问题探讨［J］．中国农村水利水电，2015（12）：21－22.

［5］成诚，王金霞．灌溉管理改革的进展、特征及决定因素：黄河流域灌区的实证研究［J］．自然资源学报，2010（7）：21－29.

［6］丁杰，万劲松，康敏．推进我国农业水价改革基本思路研究［J］．价格理论与实践，2012（5）：10－11.

［7］冯欣，姜文来，刘洋．农业水价利益相关者定量排序研究［J］．中国农业资源与区划，2019，40（3）：173－180，187.

［8］郭彦青，宫爱玺，胡海军．地下水超采区农业供水价格及农民水费承受能力分析［J］．地下水，2016，38（6）：56－58.

［9］国务院发展研究中心课题组．我国小型农田水利建设和管理：一个政策框架［J］．改革，2011（8）：5－9.

［10］韩洪云，Jeff Bennett．21世纪中国农业水资源利用［J］．农业经济，2002（11）：4－7.

［11］韩洪云，赵连阁．灌区农户"水改旱"行为的实证分析［J］．

中国农村经济, 2004 (9): 50-54.

[12] 韩洪云, 赵连阁. 灌区农户合作行为的博弈分析 [J]. 中国农村观察, 2002 (4): 48-53.

[13] 韩洪云, 赵连阁. 灌区资产剩余控制权安排——理论模型及政策含义 [J]. 经济研究, 2004 (4): 117-124, 126.

[14] 韩洪云, 赵连阁. 中国灌溉农业发展——问题与挑战 [J]. 水利经济, 2004 (1): 56-60, 66.

[15] 韩洪云, 赵连阁. 农户灌溉技术选择行为的经济分析 [J]. 中国农村经济, 2000 (11): 70-74.

[16] 韩克满. 浅谈农业水价改革与计收 [J]. 甘肃农业, 2013 (6): 44-45.

[17] 韩青, 袁学国. 参与式灌溉管理对农户用水行为的影响 [J]. 中国人口·资源与环境, 2011, 21 (4): 126-131.

[18] 贺雪峰, 罗兴佐, 陈涛, 等. 乡村水利与农地制度创新——以荆门市"划片承包"调查为例 [J]. 管理世界, 2003 (9): 77-89.

[19] 贺雪峰, 郭亮. 农田水利的利益主体及其成本收益分析——以湖北省沙洋县农田水利调查为基础 [J]. 管理世界, 2010 (7): 94-105, 195.

[20] 贺雪峰. 小农立场 [M]. 北京: 中国政法大学出版社, 2013.

[21] 胡继连, 崔海峰. 我国农业水价改革的历史进程与限制因素 [J]. 山东农业大学学报 (社会科学版), 2017 (4): 27-34.

[22] 胡军华. 基于初始水权分配的阿克苏河流域适时水权管理研究 [J]. 干旱区资源与环境, 2007, 21 (10): 79-82.

[23] 胡艳超, 刘小勇, 刘定湘, 等. 甘肃省农业水价综合改革进展与经验启示 [J]. 水利发展研究, 2016 (2): 21-24.

[24] 黄晶晶. 重庆市农村建设用地流转模式比较研究 [D]. 重庆: 西南大学, 2014.

[25] 黄秀路, 武宵旭, 葛鹏飞, 等. 中国农业生产中的节水灌溉:

区域差异与方式选择 [J]. 中国科技论坛, 2016 (8): 143 - 148.

[26] 贾大林, 姜文来. 农业水价改革是促进节水农业发展的动力 [J]. 农业技术经济, 1999 (5): 4 - 7.

[27] 姜文来, 雷波. 农业水价节水效应及其政策建议 [J]. 水利发展研究, 2010 (12): 21 - 24.

[28] 姜文来, 刘洋, 伊热鼓, 等. 农业水价合理分担研究进展 [J]. 水利水电科技进展, 2015, (5): 191 - 195.

[29] 姜文来. 农业水价政策及建议 [J]. 中国农业信息, 2008 (9): 8 - 10.

[30] 姜文来. 推进水价改革 发展节水农业 [J]. 中国食品, 2018 (14): 100 - 103.

[31] 姜文来. 我国农业水价改革总体评价与展望 [J]. 水利发展研究, 2011 (7): 47 - 51.

[32] 孔祥智, 史冰清. 农户参加用水者协会意愿的影响因素分析——基于广西横县的农户调查数据 [J]. 中国农村经济, 2008 (10): 22 - 33.

[33] 孔祥智, 涂圣伟. 新农村建设中农户对公共物品的需求偏好及影响因素研究——以农田水利设施为例 [J]. 农业经济问题, 2006, 27 (10): 63 - 68.

[34] 雷波, 杨爽, 高占义. 农业水价改革对农民灌溉决策行为的影响分析 [J]. 中国农村水利水电, 2008 (5): 108 - 110.

[35] 李华. 制定水利工程供水价格应体现以工补农政策 [J]. 价格理论与实践, 2010 (1): 39 - 40.

[36] 李静, 马潇璨. 资源与环境约束下的产粮区粮食生产用水效率与影响因素研究 [J]. 农业现代化研究, 2015, 36 (2): 252 - 258.

[37] 李然, 田代贵. 农业水价的困境摆脱与当下因应 [J]. 改革, 2016 (9): 107 - 114.

[38] 李颖, 孔德帅, 吴乐, 等. 农业水价改革情景中农户的节水意

愿 [J]. 节水灌溉, 2017 (2): 99-102.

[39] 廖永松. 灌溉水价改革对灌溉用水、粮食生产和农民收入的影响分析 [J]. 中国农村经济, 2009 (1): 41-50.

[40] 林毅夫, 李周. 论中国经济改革的渐进式道路 [J]. 经济研究, 1993 (9): 3-11.

[41] 刘春霞. 乡村社会资本视角下中国农村环保公共品合作供给研究 [D]. 吉林: 吉林大学, 2016.

[42] 刘辉. 制度规则影响小型农田水利治理绩效的实证分析——基于湖南省 192 个小型农田水利设施的调查 [J]. 农业技术经济, 2014 (12): 112-119.

[43] 刘静, Ruth Meinzen-Dick, 钱克明, 等. 中国中部用水者协会对农户生产的影响 [J]. 经济学 (季刊), 2008 (2): 87-102.

[44] 刘静, 陆秋臻, 罗良国. "一提一补"水价改革节水效果研究 [J]. 农业技术经济, 2018 (4): 126-135.

[45] 刘静. 农村小型灌溉管理体制改革研究 [M]. 北京: 中国农业科学技术出版社, 2012.

[46] 刘小勇. 农业水价改革的理论分析与路径选择 [J]. 水利经济, 2016 (4): 31-34.

[47] 刘莹, 黄季焜, 王金霞. 水价政策对灌溉用水及种植收入的影响 [J]. 经济学季刊, 2015 (4): 169-186.

[48] 陆秋臻, 刘静. 提补水价对华北地下水超采区农户生计的影响研究 [J]. 中国农村水利水电, 2017 (3): 208-212.

[49] 马培衢. 农业两部制水价改革的福利效应分析——基于湖北漳河灌区末级渠系的调查 [J]. 水利经济, 2007 (4): 36-39, 50, 84.

[50] 毛春梅. 农业水价改革与节水效果的关系分析 [J]. 中国农村水利水电, 2005 (4): 2-4.

[51] 孟德锋, 张兵, 刘文俊. 参与式灌溉管理对农业生产和收入的影响——基于淮河流域的实证研究 [J]. 经济学: 季刊, 2011 (3):

332 - 357.

[52] 孟德锋, 张兵. 农户参与式灌溉管理与农业生产技术改善: 淮河流域证据 [J]. 改革, 2010 (12): 80 - 87.

[53] 孟德锋. 农户参与灌溉管理改革的影响研究 [D]. 南京: 南京农业大学, 2009.

[54] 裴源生, 方玲, 罗琳. 黄河流域农业需水价格弹性研究 [J]. 资源科学, 2003, 25 (6): 25 - 30.

[55] 邱士利. 福建农田水利设施供给需求与制度创新研究 [D]. 福州: 福建农林大学, 2013.

[56] 冉璐. 农村小型水利设施的农户投入行为与激励研究 [D]. 重庆: 西南大学, 2013.

[57] 孙梅英, 张宝全, 常宝军. 桃城区 "一提一补" 节水激励机制及其应用 [J]. 水利经济, 2009, 27 (4): 40 - 43.

[58] 孙亚武. 对建立农业水价成本补偿机制的思考 [J]. 陕西水利, 2011 (1): 160 - 161.

[59] 田贵良, 胡雨灿. 改革开放以来我国水价改革的历程、演变与发展 [J]. 价格理论与实践, 2018 (11): 8 - 13.

[60] 汪习文. 黄河下游引黄农业水价改革的对策研究 [D]. 西安: 西安理工大学, 2007.

[61] 王建平. 内蒙古自治区农业水价研究 [D]. 北京: 中国农业科学院, 2012.

[62] 王金霞, 黄季焜, Scott Rozelle. 地下水灌溉系统产权制度的创新与理论解释——小型水利工程的实证研究 [J]. 经济研究, 2000 (4): 66 - 74.

[63] 王金霞, 黄季焜, Scott Rozelle. 激励机制、农民参与和节水效应: 黄河流域灌区水管理制度改革的实证研究 [J]. 中国软科学, 2004 (11): 8 - 14.

[64] 王金霞, 黄季焜. 国外水权交易的经验及对中国的启示 [J].

农业技术经济，2002（5）：56-62.

[65] 王金霞，黄季焜. 机电井地下水灌溉系统分析及其技术效率——河北省机电井地下水灌溉系统的实证研究 [J]. 水科学进展，2002，13（2）：259-264.

[66] 王金霞，黄季煜. 滏阳河流域的水资源问题 [J]. 自然资源学报，2004，19（4）：424-429.

[67] 王金霞，邢相军，张丽娟，等. 灌溉管理方式的转变及其对作物用水影响的实证 [J]. 地理研究，2011，30（9）：1683-1692.

[68] 王金霞，徐志刚，黄季焜，等. 水资源管理制度改革、农业生产与反贫困 [J]. 经济学（季刊），2005（4）：193-206.

[69] 王金霞，黄季焜，张丽娟，等. 北方地区农民对水资源短缺的反应 [J]. 水利经济，2008，26（5）：1-3.

[70] 王雷，赵秀生，何建坤. 农民用水户协会的实践及问题分析 [J]. 农业技术经济，2005（1）：36-39.

[71] 王蕾. 基于不同收入水平农户的农田水利设施供给效果研究 [D]. 西安：西北农林科技大学，2014.

[72] 王昕，陆迁. 小型水利设施建设中农户支付行为的影响因素分析——基于社会资本视角 [J]. 软科学，2014（3）：139-143.

[73] 王亚华. 中国用水户协会改革：政策执行视角的审视 [J]. 管理世界，2013（6）：67-77，104.

[74] 尉永平，陈德立，李保国. 农业水价调整对解决华北平原水资源短缺的有效性分析——河南省封丘县农业水价调查分析 [J]. 资源科学，2007，29（2）：40-45.

[75] 翁贞林. 小型农田水利农户参与式管理：研究进展及其述评 [J]. 江西农业大学学报（社会科学版），2012（2）：47-52.

[76] 吴戈. 促进水利基础设施建设投入的财政政策研究 [D]. 北京：财政部财政科学研究所，2014.

[77] 吴乐，孔德帅，李颖，等. 地下水超采区农业生态补偿政策节

水效果分析 [J]．干旱区资源与环境，2017，31（3）：38-44．

［78］徐明，胡继连．农业节水及其非农化的经济补偿机制研究 [J]．当代经济，2016（14）：31-33．

［79］伊热鼓，姜文来．农业水价综合改革绩效评估研究——以内蒙古杭锦旗为例 [J]．中国农业资源与区划，2018，39（7）：153-158．

［80］尹庆民，马超，许长新．中国流域内农业水费的分担模式 [J]．中国人口·资源与环境，2010，20（9）：53-58．

［81］张兵，孟德锋，刘文俊，等．影响用水户参与式灌溉管理可持续性的因素分析——基于苏北农户的实证研究 [J]．江西农业学报，2009，21（1）：159-162，167．

［82］张戈跃．试论我国农业水权转让制度的构建 [J]．中国农业资源与区划，2015，36（3）：98-102．

［83］张宁．农村小型水利工程农户参与式管理及效率研究 [D]．杭州：浙江大学，2008．

［84］张维迎．追求沉思与顿悟的快乐 [N]．华夏时报，2013-7-1．

［85］张献锋，冯巧，尤庆国．推进农业水价改革的思考 [J]．水利经济，2014（1）：50-53．

［86］赵立娟，史俊宏．农户参与灌溉管理改革意愿的影响因素分析——基于内蒙古的农户微观调查数据 [J]．干旱区资源与环境，2014，28（6）：20-26．

［87］赵永，窦身堂，赖瑞勋．基于静态多区域 CGE 模型的黄河流域灌溉水价研究 [J]．自然资源学报，2015（3）：433-445．

［88］赵永刚，何爱平．农村合作组织、集体行动和公共水资源的供给——社会资本视角下的渭河流域农民用水者协会绩效分析 [J]．重庆工商大学学报（西部论坛），2007（1）：10-14．

［89］周利平．农户参与用水协会行为、绩效与满意度研究——以江西省为例 [D]．南昌：南昌大学，2014．

［90］朱红根，翁贞林，康兰媛．农户参与农田水利建设意愿影响因

素的理论与实证分析——基于江西省 619 户种粮大户的微观调查数据 [J]. 自然资源学报, 2010, 25 (4): 539 - 546.

[91] 左喆瑜. 华北地下水超采区农户对现代节水灌溉技术的支付意愿——基于对山东省德州市宁津县的条件价值调查 [J]. 农业技术经济, 2016 (6): 32 - 46.

[92] Bastakoti R C, Shivakoti G P. Rules and Collective Action: An Institutional Analysis of the Performance of Irrigation Systems in Nepal [J]. Journal of Institutional Economics, 2012 (8): 225 - 246.

[93] Berbel J, Gómez-Limón J A. The Impact of Water-Pricing Policy in Spain: An Analysis of Three Irrigated Areas [J]. Agricultural Water Management, 2000, 43 (2): 219 - 238.

[94] Carney, D, Farrington J. Natural Resource Management and Institutional Change [M]. London: Routledge, 1998.

[95] Chen S, Wang Y, Zhu T. Exploring China's Farmer-Level Water-Saving Mechanisms: Analysis of an Experiment Conducted in Taocheng District [J]. Hebei Province. Water, 2014, 6 (3): 547 - 563.

[96] Hjern B. Implementation Research: The Link Gone Missing [J]. Journal of Public Policy, 1982 (3): 30 - 308.

[97] Kazbekov J, Abdullaev I, Manthrithilake H, Qureshi A, Jumaboev K. Evaluating Planning and Delivery Performance of Water User Associations (WUAs) in Osh Province, Kyrgyzstan [J]. Agricultural Water Management, 2009 (96): 1259 - 1267.

[98] Mays L W. Groundwater Resources Sustainability: Past, Present, and Future [J]. Water Resources Management, 2013, 27 (13): 4409 - 4424.

[99] Meinzen-Dick R. Timeliness of Irrigation: Performance Indicators and Impact on Production in the Sone Irrigation System Bihar [J]. Irrigation and Drainage System, 1995, 9 (4): 371 - 385.

[100] Meinzen-Dick R. Farmer Participation in Irrigation: 20 Years of Experience and Lessons for the Future [J]. Irrigation and Drainage Systems, 1997 (16): 103 – 118.

[101] Meizen-Dick, Ruth K, Raju V, et al. What Affects Organization and Collective Action for Managing Resources: Evidence from Canal Irrigation Systems in India [J]. World Development, 2012, 30 (4): 649 – 666.

[102] Menzel D C. An Interorganization Approach to Policy Implementation [J]. Public Administration Quarterly, 1987 (1): 11 – 21.

[103] Ostrom E. Governing the Commons: The Evolution of Institutions for Collective Action [M]. New York: Cambridge University Press, 1990.

[104] Ostrom E, Gardner R, Walker J. Rules, Games and Common Pool Resources [M]. University of Michigan Press, 1994.

[105] Shen D J. Groundwater management in China [J]. Water Policy, 2015, 17 (1): 61 – 82.

[106] Tsur Y. Economic Aspects of Irrigation Water Pricing [J]. Canadian Water Resources Journal, 2015, 30 (1): 31 – 46.

[107] Tyler S. The State, Local Government, and Resource Management in Southeast Asia: Recent Trends in the Philippines, Vietnam, and Thailand [J]. Journal of Business Administration, 1994 (22): 61 – 68.

[108] Yercan M. Management Turning-over and Participatory Management of Irrigation Schemes: A Case Study of the Gediz River Basin in Turkey [J]. Agricultural Water Management, 2003 (3): 205 – 214.

[109] Zhang L, Liu J. The Performances of Water Users Associations in China: Case Studies of Zhanghe and Dongfeng Irrigation Districts [J]. Issues in Agricultural Economy, 2003 (2): 29 – 33.